生态景观工程
工艺百法

ONE HUNDRED TECHNOLOGY OF
ECO-LANDSCAPE ENGINEERING

深圳市铁汉生态环境股份有限公司　主编

中国林业出版社

《生态景观工程工艺百法》编委会

主　编　陈开树

副主编　陈　娴　黄东光　黄　蕾

参编人员

刘　宁　赵　爽　高宇婷　王　佳　陈志敏　辛　欣　周　易　田俊萍　吴　文

刘登彪　张　荣　陈　杰　杜臣万　黄志军　王日里　陈永彬　叶永辉　许方英

许建新　沈　彦　吴彩琼　罗旭荣　龚亚龙　沈文钢　孔德英　杨　雅　王康宾

温庚金　胡书楷　余宝昆　江　健　王彦斌　邓暑锋　乐兴荣　陈治能

图书在版编目（CIP）数据

生态景观工程工艺百法 / 深圳市铁汉生态环境股份

有限公司主编.-- 北京：中国林业出版社，2016.1

ISBN 978-7-5038-8343-9

Ⅰ.①生…　Ⅱ.①深…　Ⅲ.①景观设计－工程施工　Ⅳ.①TU986.2

中国版本图书馆CIP数据核字（2015）第314649号

中国林业出版社·环境园林出版分社

责任编辑：陈英君　苏亚辉

出　　版：中国林业出版社（100009 北京西城区刘海胡同 7 号）

　　　　　　http://lycb.forestry.gov.cn

电　　话：010 - 83143568

发　　行：中国林业出版社

印　　刷：北京卡乐富印刷有限公司

版　　次：2016 年 7 月第 1 版

印　　次：2016 年 7 月第 1 次

开　　本：889mm×1194mm　1/16

印　　张：8

字　　数：260 千字

定　　价：49.00 元

前 言
PREFACE

　　深圳市铁汉生态环境股份有限公司作为中国生态修复与环境建设的领军企业，长期以来，一直以生态文明建设为己任，以创建高标准、高品质生态景观工程为目标。历经十五载工匠苦旅，目前公司业务涵盖了生态修复、环境治理、生态景观、生态旅游等领域，秉怀着精益求精的"工匠精神"，完成了千余个园林工程与生态修复工程项目。

　　《生态景观工程工艺百法》一书，是在归纳整理公司项目施工经验的基础上，结合国家标准、行业规范编制而成的施工指导书籍。可作为广大一线施工人员、大专院校学生培训参考用书，也可为项目管理编制、施工组织设计、施工技术交底、工程质量巡检、把控关键施工环节等提供技术指导。

　　本书共十二章，分为园林土方工程、园路工程、广场及附属工程、栏杆安装工程、水景工程、挡土墙工程、裸露边坡生态修复工程、垂直绿化工程、屋顶绿化工程、土壤改良及修复工程、水环境生态修复工程、绿化种植工程，共精选了有代表性的106项常见施工工艺。遵循实用性、可操作性和针对性的原则，对各项施工工艺的施工步骤、施工要点、施工图片、结构参考做法、关键词及参考规范，进行了准确详实的阐述，突出其重点、难点和易忽视的要点，便于施工人员和管理人员快速掌握。

　　本书编纂历时一年半，各项目部管理者提供了诸多有价值的素材，经过多次讨论修编而成。由于编制时间和水平有限，疏漏和不妥之处在所难免，恳请广大读者批评指正，便于我们进一步完善。特别感谢参编的专业技术人员对本书的支持与辛勤付出。

深圳市铁汉生态环境股份有限公司
2016年6月

目 录
CONTENTS

1

园林土方工程

LANDSCAPE EARTHWORK

001　园林土方开挖

定点放线，复测高程，土方平衡

放线确定开挖轮廓线

土方分层开挖

遮盖无纺布，避免水土流失

施工要点　MAIN POINTS

❶ 土方开挖前制定合理的土方调运方案，清理施工区域内对施工有影响的障碍物，明确地下管线位置和深度并做好标记。在高压线和地下管线安全作业范围内须人工开挖，禁止使用重型机械设备作业，避免事故发生。

❷ 根据施工图纸定点放线，确定挖方的轮廓线，并用灰线明确范围。

❸ 土方开挖时，由上而下逐级开挖，形成场内自然排水坡度。接近基础层使用机械开挖，预留20~30cm厚的土层用人工开挖，严禁超挖，扰动地基土。测量人员随时检查桩点和放线，以免错挖。如土方超挖，须按规范回填压实，确认达到正确标高，并重新检测压实度。开挖完成后核对标高，及时通知监理验收并做好相关资料记录。

❹ 土方开挖时要尽量做到土方平衡，减少挖填方量。若场地内有条件时，需将表土、底土（或好土、差土）分别堆放，留足回填需用的好土（回填土或种植土），多余的土方一次性运至弃土点。

❺ 挖方过程中沿场地四周和施工通道的边缘布置排水沟，低洼部位须设集水井（池），便于收集和抽排积水。密切关注天气状况，尽量避开雨季施工。施工时若遇大雨，可用防水布遮挡已开挖的边坡，防止坍塌，并加强排水措施，及时排走雨水。

❻ 土方施工时要规划好车辆进出方向，修筑临时作业道路。驶出路口应设洗车池，车辆出场前，应将轮胎和车身夹带的泥土冲洗干净，方可驶入市政道路。管理人员应进行现场指挥，引导通行，避免行车混乱。天气晴朗时需要采取喷水防尘措施。

参考规范
《城镇道路工程施工与质量验收规范》CJJ 1-2008

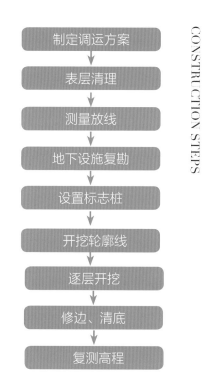

施工步骤　CONSTRUCTION STEPS

制定调运方案 → 表层清理 → 测量放线 → 地下设施复勘 → 设置标志桩 → 开挖轮廓线 → 逐层开挖 → 修边、清底 → 复测高程

002 园林土方回填

土质检测，分层回填，预留沉降量

施工要点 MAIN POINTS

① 填方前核对图纸和现场放线是否正确一致，复核基底标高和填方区是否存在障碍物；检验填土区域地基密实度，若基底土壤密实度不够，需夯实或碾压后再回填。清除表面植被（含树根）及垃圾土、淤泥，淤泥过深则需进行软基处理。

② 检测回填土的理化性质，经设计方、监理方同意后方可使用。如含水量偏低，预先洒水湿润；如含水量偏高，需翻松、晾晒。严禁用含草皮、生活垃圾、树根、腐殖质的土作为回填土。

③ 回填区面积较大时，应分层摊铺、填筑，分层厚度及压实遍数要符合规范要求。蛙式打夯机每层铺土厚度为20~25cm；人工打夯虚铺厚度应小于20cm，每回填一层至少夯实3遍，每层填土夯实后应取样检测，符合要求后再进行上一层的回填；机械碾压时应根据试验段结果控制碾压速度、厚度和遍数，从两边逐渐向中间压实，碾轮重叠宽约40~50cm，前后相邻区段纵向重叠1~1.5m。压实过程注意采取措施保护地下管线、构筑物安全。压路机无法压实的地方，应人工夯实配合机械施工。

④ 绿化种植区域回填需按照设计要求预留沉降量。如无具体设计要求，可根据工程性质、填方高度、填料种类、密实度要求和地基情况等与建设方共同商定。

⑤ 碾压作业面为便于排水，应按照设计要求修整找坡。填方后需进行标高复测，及时通知监理验收并完善相关资料。

参考规范
《城镇道路工程施工与质量验收规范》CJJ 1-2008

基础土方回填

机械均匀碾压

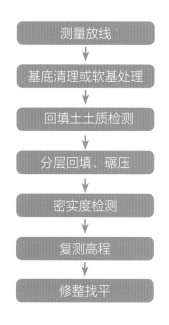

施工步骤 CONSTRUCTION STEPS

测量放线 → 基底清理或软基处理 → 回填土土质检测 → 分层回填、碾压 → 密实度检测 → 复测高程 → 修整找平

园路工程

LANDSCAPE PAVING ENGINEERING

2

003 园路施工放线

控制点，高程控制；线形控制

园路线形流畅，景观效果好

园路放线准确，路面顺畅平整

园路线形不流畅，高低起伏

施工要点 MAIN POINTS

① 放线前先复核图纸，若图纸与施工现场有较大差异，需与设计方、建设方沟通，及时做好变更。

② 园路路基施工时进行放线，用全站仪确定园路弧线的关键拐点，如圆弧的凹线、凸线。先放出道路路基的边线或中线，再根据路宽，用卷尺定出园路另一边线，用白灰粉放出园路中设施范围线及挖方、填方区域的零点线。若无全站仪，可选择场地边界、建筑墙角、广场边线等特征明显的点作为基准点，作为放线参考。为便于施工操作，园路路基粗放线时要求边线两侧比面层宽20cm左右。

③ 园路路基施工时，为控制路面高程，应在关键拐点处打入木桩或钢筋桩，并在桩上标明桩号及标高，桩上注明标高一般比面层标高高出30~50mm，木桩或钢筋桩一般每20~50m放置一个，同时用拉线控制。将桩打入原土层以固定，路基施工时不要损坏控制桩。

④ 面层施工前要复核中线、边线桩，并布设中线和边线。有波打线、图案的优先布控线位和施工。正式铺贴前需以人工整体观感进行复核调整。

参考规范

《城镇道路工程施工与质量验收规范》CJJ 1-2008

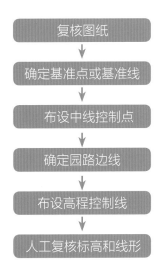

施工步骤 CONSTRUCTION STEPS

复核图纸
↓
确定基准点或基准线
↓
布设中线控制点
↓
确定园路边线
↓
布设高程控制线
↓
人工复核标高和线形

004　园路路基施工

基准点，高程，坡度，排水

路基整平

路基碾压

施工要点　MAIN POINTS

❶ 施工前重新确认水准点，调整路基表面高程与周边高程的关系，然后进行路基的填挖、整平、碾压作业。

❷ 根据施工图纸要求确定园路边线，在边线每侧放宽200mm开挖路基基槽。

❸ 按设计的园路横坡整平路基表面，再对地面进行碾压或打夯压实，夯实密实度须达85%以上。路槽的平整度允许误差不大于20mm。

❹ 在夯实过程中，需遵循先轻后重、先慢后快、先静后振、由低向高、胎迹重叠这几个基本要求进行。

❺ 在施工过程中，不洒水或少洒水，靠压实

石料使路基构成具有一定强度的结构，厚度需达到施工图纸要求。

❻ 大多数松软地基要做好加固或换填处理；黏土可直接夯实，无需换填或添加嵌缝料。

❼ 随着施工的进行及时对横断面坡度和纵断面坡度进行检查。流入路基的地下水、涌水、雨水等用暗渠、侧沟等排除。

参考规范
《城镇道路工程施工与质量验收规范》CJJ 1-2008

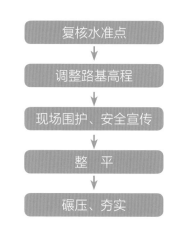

施工步骤　CONSTRUCTION STEPS

复核水准点
↓
调整路基高程
↓
现场围护、安全宣传
↓
整 平
↓
碾压、夯实

005 园路垫层施工

拌合，分层铺填，压实

施工要点 MAIN POINTS

① 园路常用垫层：透水性垫层有砂、碎砾石、灰土等；稳定性垫层有水泥石粉渣、砼、煤渣石灰稳定土等。

② 运入垫层材料，根据施工图纸及规范要求将垫层材料按比例拌合后，进行铺设、刮平、碾压和夯实。

③ 铺设垫层材料时，需分层铺填厚度，常见的分层铺填厚度为20~30cm，每层压实的遍数宜通过现场试验确定，用标高控制桩进行控制。

④ 灰土垫层：在铺填时根据土质不同，铺设厚度21~24cm，一层灰土夯实后厚度约为15cm，俗称一步灰土。

⑤ 砂石垫层：铺筑砂石的每层厚度为15~20cm，不得超过30cm，按照实际施工现场情况选用夯实或压实的方法。施工应按先深后浅的顺序进行。铺筑的砂石如发现砂窝或石子成堆现象，应将该处砂子或石子挖出，分别填入级配好的砂石。

⑥ 若用砼垫层，要将路基上的杂物等清除，并预留伸缩缝。砼的下料口距离所浇筑的砼表面高度不得超过2m，如自由倾落超过2m时，应采用串桶或溜槽等方式。砼浇筑后应及时振压捣实。

⑦ 稳定性垫层成型后，用薄膜、麻袋等材料全面覆盖，进行保湿养护。

参考规范
《城镇道路工程施工与质量验收规范》CJJ 1-2008

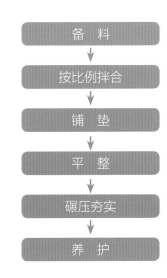

施工步骤 CONSTRUCTION STEPS

备　料 → 按比例拌合 → 铺　垫 → 平　整 → 碾压夯实 → 养　护

砼垫层施工

碎砾石垫层

006 园路基层施工

高程控制，摊铺，刮平，碾压

施工步骤
CONSTRUCTION STEPS

备　料
↓
运　输
↓
摊铺整形
↓
碾　压
↓
验　收

基层摊铺

基层碾压

施工要点　MAIN POINTS

❶ 常用的基层：刚性基层（普通砼、碾压式砼等）、半刚性基层(水泥稳定土、石灰稳定土等)、柔性基层（级配碎石、级配砾石等）。

❷ 园路基层摊铺过程中，必须按照"分层、分段"的原则，摊铺时需有专职测量人员进行基层高程控制。

❸ 刚性基层施工时，必须按规范要求预留伸缩缝。

❹ 半刚性基层以石灰稳定土为例，在粉碎松散的土中，按要求将土、石灰、水三者按比例拌和均匀（土块要充分粉碎，其最大粒径不应超过15mm），在水含量最佳的条件下压实成型。为了达到要求的密实度，石灰土基一般应用不小于12t的压路机或其它压实工具进行碾压，每层的压实厚度最小不应小于80mm，最大也不应大于200mm。碾压时，应遵循"先轻后重，先边后中，先慢后快"的原则。**注意：严禁用于高等级道路基层。**

❺ 柔性基层以级配砾石为例，用粗、中、小砾石集料和砂各占一定比例进行混合，摊铺后适度洒水压实，按试验路段确定的碾压方法、遍数等要求进行碾压，直至达到密实度要求，每层摊铺一般厚度为100~200mm，若厚度超过200mm，应分层摊铺碾压。

❻ 基层碾压完成后，需对密实度、高程、平整度、横坡等自检，由监理工程师检验合格后，才能进行下道工序，并及时上报施工资料。

参考规范
《城镇道路工程施工与质量验收规范》CJJ 1-2008

007 园路伸缩缝施工

切缝，填缝，沥青油膏

施工要点 MAIN POINTS

① 园路工程应按设计要求或结构构造要求设置伸缩缝。

② 施工图纸未作具体说明的情况下，路宽小于5m时，混凝土垫层沿道路纵向每隔4~6m分块做缩缝，缝宽10mm；每隔20~30m设一条伸缝，缝宽30mm，用沥青油膏填缝。当路宽大于5m时，沿道路中心线做纵缝，且沿道路纵向做伸缩缝，要求与宽5m以下的道路同样。弧形园路需在转弯两端设置缩缝。

③ 设园路缩缝时，先将整条道路按要求等分，锯缝前清洗干净路面，待表面干燥后弹线、切割。缩缝要求缝隙为大小均匀的直线。清理干净缝隙内的灰尘，用加热好的沥青油膏填缝，填缝应饱满。

④ 设园路伸缝时避免破坏铺装面层整体性，尽量留在铺装面层分隔条内。在浇筑混凝土垫层前需定点放线，按要求采用同厚度的聚苯板进行隔缝，待结构层养护期过后，取出上层的聚苯板，清理干净缝隙内的杂物，用加热好的沥青油膏填缝，填缝应饱满。

⑤ 铺贴完成后，应根据设计要求及时检查坡度，路面应无积水、不倒泛水，与收水口结合处牢固紧密，并做泼水检验，以能排除液体为合格。

参考规范
《城镇道路工程施工与质量验收规范》CJJ 1-2008

构造参考做法 SCHEMATIC DRAWING

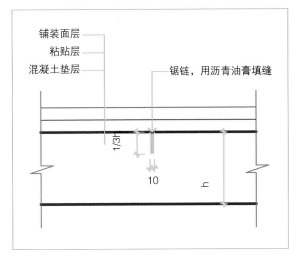

铺装面层
粘贴层
混凝土垫层
锯链，用沥青油膏填缝
1/3h
10
h

缩缝结构示意图

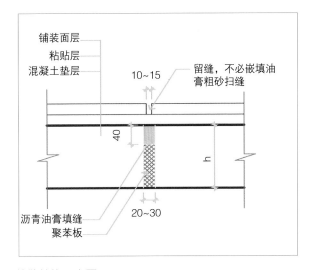

铺装面层
粘贴层
混凝土垫层
10~15
留缝，不必嵌填油膏粗砂扫缝
40
h
沥青油膏填缝
聚苯板
20~30

伸缝结构示意图

园路锯缝

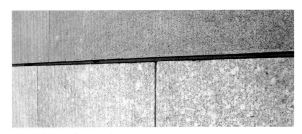

填缝均匀，表面干净

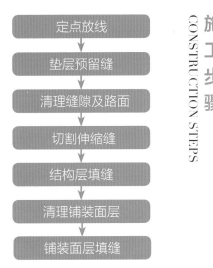

施工步骤 CONSTRUCTION STEPS

定点放线

垫层预留缝

清理缝隙及路面

切割伸缩缝

结构层填缝

清理铺装面层

铺装面层填缝

008　花岗岩路面铺装

排版，试铺样板，挂线，找坡检验

施工要点　MAIN POINTS

① 经建设单位、监理单位、设计单位认可石材样板后，方可采购石材，进场后须经三方验收后才能使用。根据设计图纸及相关规范选用石材，石材边角需整齐、无裂纹、无掉角、缺棱等。

② 材料下料前必须进行排版。园路可结合宽度调整板材大小，尽量做到整块板材，边角无碎料，如无法实现则要求两侧碎料大小应相等。注意弧线段内不能有小料、小边，下料前石材需预留出留缝宽度。

③ 铺贴前现场需试铺样板，经业主确认后，方可大面积铺贴。试拼符合设计要求后，应将石材按方向编号排列。同一铺装区的花色、颜色要一致。板块排好后，需检查板间缝隙，并确定找平层砂浆厚度。

④ 铺装前，根据石材铺装的分块情况，挂线找中，在铺装区域里定中点并拉十字线，根据水平基准线按顺序标出面层、结合层的标高线，还应弹出流水坡线。

⑤ 铺贴时，先在基层上浇水扫一层素水泥浆结合层，再铺干砂浆安装石材。用橡皮锤轻击，振实砂浆，缝隙与平整度符合要求后可揭开板块，再抹上一层素水泥砂浆进行正式铺贴。注意锤击时不能砸边角，应轻轻锤击找直找平。铺装时应及时对各项实测数据进行拉线检查，缝宽1~2mm，大小均匀，横平竖直。

⑥ 铺贴完成后，应根据设计要求及时检查坡度，路面应无积水、不倒泛水，与收水口结合处牢固紧密，并做泼水检验，以能排除液体为合格。

参考规范
《园林绿化工程施工及验收规范》DB11/T 212-2009

构造参考做法　SCHEMATIC DRAWING

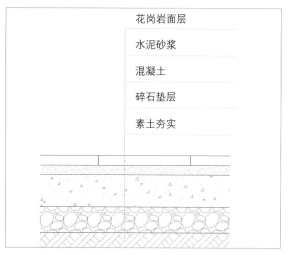

| 花岗岩面层 |
| 水泥砂浆 |
| 混凝土 |
| 碎石垫层 |
| 素土夯实 |

人行道花岗岩铺装构造示意图

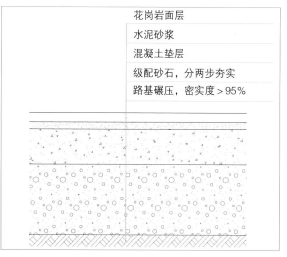

| 花岗岩面层 |
| 水泥砂浆 |
| 混凝土垫层 |
| 级配砂石，分两步夯实 |
| 路基碾压，密实度＞95% |

车行道花岗岩铺装构造示意图

排版，试铺

面层铺贴

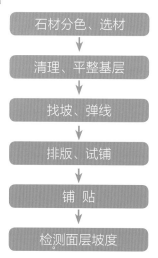

施工步骤 CONSTRUCTION STEPS

石材分色、选材
↓
清理、平整基层
↓
找坡、弹线
↓
排版、试铺
↓
铺　贴
↓
检测面层坡度

009 板岩路面铺装

基层，板材防水，填缝

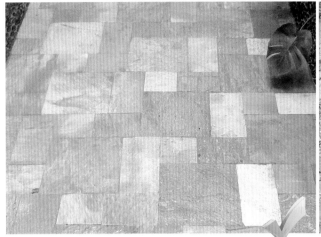

面层平整，收边合理

面层高低不平，存在安全隐患

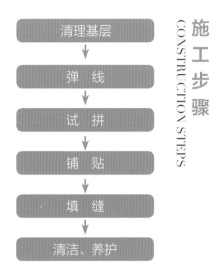

清理基层 → 弹 线 → 试 拼 → 铺 贴 → 填 缝 → 清洁、养护

施工要点 MAIN POINTS

① 铺贴前，需检查基层是否平整、空鼓或有杂物，如结合层厚度或基层承载不均，板岩容易出现开裂。板岩与基层间严禁摊铺砂子，板岩必须用水泥砂浆安装在坚实、平整的基层上。

② 板岩道路基层表面需处理光滑，以免基层石料出现的孔洞将水渗透蔓延至板岩导致褪色，加快板岩氧化，影响工程质量和效果。天然板岩需要涂上防水树脂，这有助于防止板岩褪色，避免天气原因带来的负面影响。

③ 建议不要在潮湿的基层上安装板岩，尽量在安装中避开水渍。

④ 板岩采用碎拼时禁止用机器切割，应使用自然毛边。拼铺切忌出现平行纹、直角纹及内角，不可存在四角以上边缝汇集于一个交点。整齐铺贴时，应做到对缝与通缝，板间缝隙根据施工图纸要求进行预留。

⑤ 铺贴完毕，经过2天养护后在缝隙内灌水泥砂浆并擦缝。灌浆要把握时机，不能太早，否则影响效果。

⑥ 填缝水泥砂浆应采用湿砂浆，因板岩表面凹凸不平，易使水泥污染到板面，建议选用海绵蘸水处理污点，边填缝边清理水泥污渍。

⑦ 铺装完成后表面应覆盖塑胶布等进行成品保护，3~4天内禁止人行，必要时可设置围挡。

构造参考做法 SCHEMATIC DRAWING

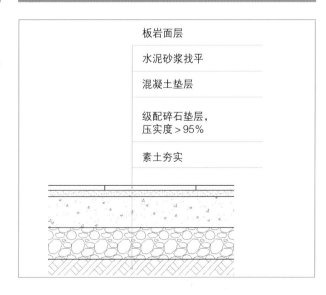

板岩面层
水泥砂浆找平
混凝土垫层
级配碎石垫层，压实度＞95%
素土夯实

010　冰裂纹路面铺装

编号，切割，排版，填缝

施工要点　MAIN POINTS

① 冰裂纹铺装不能出现三角、四角形及七边以上的形状，并禁止用小块材料进行填补，尽量保持每两个边组成的角度大于90°。根据铺贴场地面积大小选择规格板材，通常材料尺寸为250~500mm。

② 切割石材前，需先在石材上依据施工图纸要求勾画图案，切割时要严格按照画线图案进行切割，要求切割线条齐整，缝隙均匀，并对切割好的冰裂块进行编号。

③ 铺贴时，应先将基层清理干净并将其湿润，然后泼素水泥浆，干硬性砂浆要边铺边放。根据编号对切割好的石材进行铺贴，石材应与地面平行安放，用橡皮锤轻轻敲击石材中央，直至水平控制线，要求表面平整洁净，无空鼓、无积水。

④ 冰裂块采用密缝处理，先用1∶2.5的水泥砂浆擦缝，擦缝要饱满，再用海绵清洗干净，完成后表面平整、干净、无残留水泥浆。

⑤ 清洗完成后，要及时用塑胶布或其他材料覆盖，并对施工区域进行临时封闭，养护3~4天，期间严禁上人踩踏，防止造成破坏和污染。

构造参考做法　SCHEMATIC DRAWING

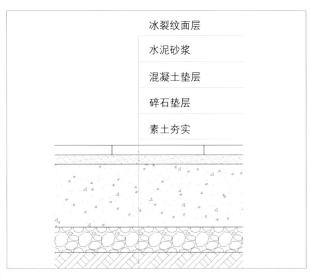

冰裂纹面层
水泥砂浆
混凝土垫层
碎石垫层
素土夯实

铺贴平整，排版到位，缝宽一致

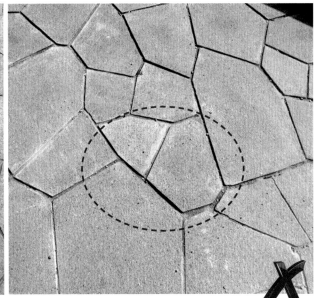

排版不到位，面层不平整，缝宽不一

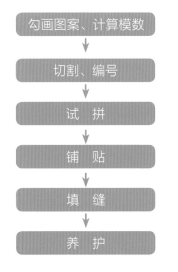

施工步骤　CONSTRUCTION STEPS

勾画图案、计算模数
↓
切割、编号
↓
试拼
↓
铺贴
↓
填缝
↓
养护

011 碎拼路面铺装

试拼预铺，成品保护

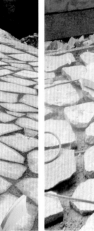

碎拼路面

石材间留缝过宽，铺装效果差

施工步骤 CONSTRUCTION STEPS

清理基层
↓
放样、弹线
↓
扫　浆
↓
水泥砂浆结合层
↓
预排、试铺
↓
铺设板材
↓
勾缝、清缝
↓
养　护

构造参考做法　SCHEMATIC DRAWING

碎拼面层
水泥砂浆
混凝土垫层
碎石垫层
素土夯实

施工要点　MAIN POINTS

❶ 砼基层应平整并清理干净，否则易导致积水。

❷ 在基层上涂刷水灰比为0.5的素水泥浆，可以增加黏结性，随刷随铺干硬性水泥砂浆结合层。

❸ 水泥砂浆结合层配比以1∶2~1∶3为宜；干湿度要适宜。

❹ 在大面积铺贴前，需进行预排、试铺，调整确定对缝、排版、平整度等。平整度可用靠尺控制，缝宽可用小木片、竹片等控制，缝宽控制在10~40mm为宜。

❺ 施工全程都应注意石材成品保护，一般可用塑料薄膜、彩条布或土工布等进行覆盖。

012　水泥砖路面铺装　夯实，排砖，填缝

施工要点　MAIN POINTS

❶ 平整并夯实路基后，在路基上铺拌合均匀的3：7（熟化石灰：黏土）灰土拌合料并保持湿润，随铺随夯，每层虚铺150~250mm厚，夯实厚度大于100mm。

❷ 基层完成后，根据设计要求对路面标高进行控制，用水准仪、全站仪等抄平放线，并在钢筋或木桩上做标高记号。

❸ 分段控制标高，每隔3~4m在道路两头砌一行砖并进行找平，作为此段路面的标高控制点。根据施工现场路面宽度进行排砖，非整砖须均分排在路两侧，使其整体美观对称。

❹ 在基层上铺25mm厚白灰砂浆结合层（配比为1：3），随铺随找平并检查顺直及平整度，使用橡皮锤轻敲砖面，将水泥砖敲实，使面层标高与水平线一致。

❺ 水泥砖路面完成铺砌后48小时内，根据设计要求使用砂或砂浆进行灌缝处理，填实灌满后清理浇水养护。

❻ 养护期不得少于4天，水泥砂浆终凝前不得踩踏，并用塑料薄膜、彩条布等覆盖，以免污染砖面。

构造参考做法　SCHEMATIC DRAWING

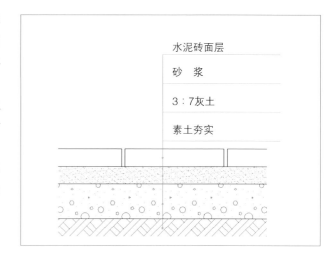

水泥砖面层
砂　浆
3：7灰土
素土夯实

铺贴

敲实

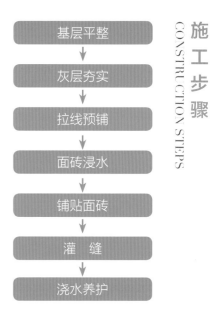

施工步骤　CONSTRUCTION STEPS

基层平整
↓
灰层夯实
↓
拉线预铺
↓
面砖浸水
↓
铺贴面砖
↓
灌　缝
↓
浇水养护

013 卵石路面铺装

图案放样，制作样板段，素混凝土垫层，砂浆结合层

排放卵石

铺装前打分格线，控制图案

施工步骤 CONSTRUCTION STEPS

- 垫层清理
- 放样、放线
- 制作样板段
- 挑选卵石
- 铺筑结合层
- 嵌入卵石
- 勾缝
- 垫层清理

施工要点 MAIN POINTS

① 施工前复核标高、清理基层，保持地面干净并满足施工结合层厚度的要求。在正式施工前用少许清水湿润地面，后定点放线，按照施工图纸在施工现场定位放样铺装的图案形状。

② 卵石路面铺装大面积铺贴前，需制作样板段，并按要求定标高控制线。

③ 铺贴前，清洗并挑选卵石。用1∶1~1∶2配比的水泥砂浆作为结合层，结合层厚度不应小于4cm。为增加其黏合性，也可适当调高比例或掺入黏合剂。

④ 铺贴时，嵌入深度约为卵石的2/3。尽量一次嵌入、避免反复镶嵌，整体摆放应疏密有致。

⑤ 铺设后用工具拍实、整平，有空隙的地方选用与卵石颜色相近的水泥砂浆填补并勾缝。覆膜保护并设围挡和警示标识。

⑥ 卵石面层完成后，用专用清洗剂洗刷卵石表面，使卵石表面清洁、鲜亮。清洗后，待路面干燥喷上清漆进行保护。养护期内严禁行人和车辆等的通行。

参考规范
《园林绿化工程施工及验收规范》CJJ 82-2012

构造参考做法 SCHEMATIC DRAWING

卵石面层
水泥砂浆
混凝土
碎石垫层
素土夯实

014　洗米石路面铺装

分隔条，洗米石配比，冲洗

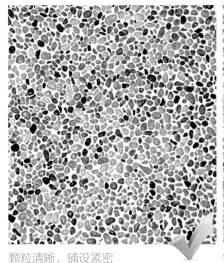

颗粒清晰，铺设紧密 ✓

铺设不均匀 ✗

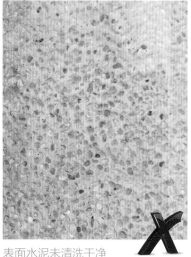

表面水泥未清洗干净 ✗

施工步骤 CONSTRUCTION STEPS

路面清理
↓
图案放样
↓
安装分隔条
↓
刷水泥砂浆
↓
摊铺石米浆
↓
刮平压实
↓
洗出石子

施工要点　MAIN POINTS

① 施工前应先做好洗米石样板给业主、监理及设计师确认。

② 粘贴前，基层应清理干净，并浇水适度湿润。

③ 石子粒径一般选用5~6mm，图案一般采用黄铜条进行分隔，路面洗米石分仓也可采用玻璃条分割。

④ 拌料时应控制好比例，水泥能粘住石米即可。拌制时加入黏合剂，但不能太多，否则表面干燥不匀时易开裂。

⑤ 按图案或分仓摊铺石米浆，刮平压实，在水泥收浆面层未干透时，应及时进行水洗作业。

⑥ 若路面较为平整，用喷雾器无法将面层的水泥浆冲净，可用刷子边刷边冲，这样冲洗效果更好。冲洗时不能洗得太深，容易造成石子脱落。

⑦ 白水泥洗米石可以适量添加水性添加剂，可以解决白水泥初凝时间短、难抹平、易板结的问题。

构造参考做法　SCHEMATIC DRAWING

	洗米石
	水泥砂浆
	混凝土
	水泥石粉渣
黄铜条隔断	素土夯实

015 瓜米石路面铺装

基层碾压，自然放坡，草皮收边

施工要点 MAIN POINTS

① 施工前清理基层的石块、草根等杂物，同时进行排除积水，挖除腐殖土、淤泥等软基处理。

② 瓜米石到场后现场检测验收。确保其色差小、颗粒饱满、大小均匀，含石粉量不应超过20%，粒径以5~8mm为宜。

③ 根据图纸结合施工现场灵活放线，确保道路线形畅顺。道路基层整平碾压时注意自然放坡，避免积水。

④ 瓜米石摊铺时，厚度50~80mm为宜；面层碾压时使用1~3 t轻吨位碾压机，以免道路变形。

⑤ 瓜米石路摊铺完成后，两侧可铺设草皮收边，优点是道路边界明显且雨天不污染路面。

⑥ 定期维护路面，及时补填流失的瓜米石，确保路面平整。

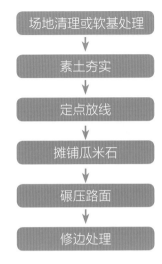

施工步骤 CONSTRUCTION STEPS

场地清理或软基处理
↓
素土夯实
↓
定点放线
↓
摊铺瓜米石
↓
碾压路面
↓
修边处理

瓜米石路面平整自然

两侧铺设草皮收边

016 植草砖铺装

渗水基层，铺设植草砖，植草，养护

基层清理、整平

铺设植草砖

放线、开槽、整平

↓

级配碎石压实

↓

土工布、隔料布

↓

摊铺中砂

↓

铺设植草砖

↓

回填种植土

↓

撒草籽、植草

↓

浇水养护

施工要点　MAIN POINTS

① 根据设计要求，开挖基层，清理土方，基槽夯实密实度在95%以上。

② 基层要有一定的渗水性和牢固性。支撑层平整、碾压夯实后，铺设土工布滤水层。

③ 铺设一层厚3~5cm的中砂垫层并整平，中砂垫层最好增加6%水泥，以增加稳定性。现场拉线辅助铺设植草砖，用橡皮锤轻击砖面，使其平稳顺直。

④ 植草砖安装完成后填入种植土，并洒水使其稳固。之后再撒播草籽，或将碎草皮植入植草砖空隙处并压实。

⑤ 在草籽发芽或草皮恢复生长期间，应常浇水，并禁止在新草皮上行驶车辆，待草皮完全长好后，方可投入使用。

⑥ 对植草砖路面加强养护管理，如有必要，需进行割草、施肥等养护措施。

参考规范

《园林绿化工程施工及验收规范》CJJ 82-2012

构造参考做法　SCHEMATIC DRAWING

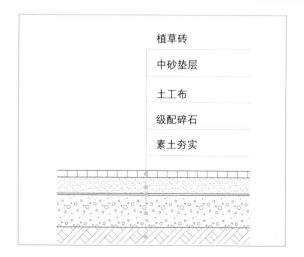

| 植草砖 |
| 中砂垫层 |
| 土工布 |
| 级配碎石 |
| 素土夯实 |

017 植草格铺装

渗水基层，环环相扣，碾压，植草，养护

施工要点 MAIN POINTS

① 级配碎石基层压实，表面平整，并有1%~2%排水坡度为宜。级配碎石上铺设一层土工布，避免上层种植土填塞碎石空隙，影响植草格的排水。

② 因为植草格都有环节扣，所以铺装时为使植草格之间连接紧密牢固，应做到环环相扣。

③ 植草格内回填土时，应及时洒水使土沉淀，然后用扫帚将植草格表面的土均匀地扫入植草格内，最后土层高度应低于植草格顶面5~10mm。

④ 在植草格内的种植土上铺草皮或撒播草籽，草皮需压实，让其与种植土紧密结合。

⑤ 对铺好的植草格进行浇水养护，待草成活后方可使用。

构造参考做法 SCHEMATIC DRAWING

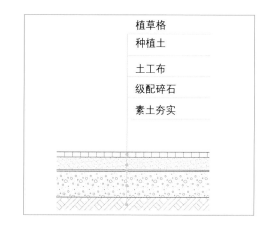

| 植草格 |
| 种植土 |
| 土工布 |
| 级配碎石 |
| 素土夯实 |

素土夯实

植草格铺装

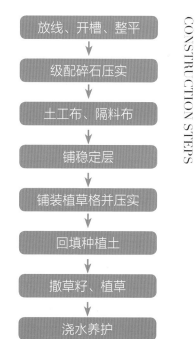

施工步骤 CONSTRUCTION STEPS

放线、开槽、整平
↓
级配碎石压实
↓
土工布、隔料布
↓
铺稳定层
↓
铺装植草格并压实
↓
回填种植土
↓
撒草籽、植草
↓
浇水养护

018　艺术压花地坪施工

收光，脱模剂，压膜，清洗，保护剂

施工要点　MAIN POINTS

① 细石砼表面基本没有游离水时，均匀撒布第一层压模地坪材料，用量为总量的2/3，并由内向外，逐步施工至边线部位，用大铁板进行抹平与收光。需注意控制收、刮力度，避免与砼过度混合，影响颜色。

② 撒第二层压膜材料后，用大铁板抹平、收光，最后一遍用小铁板进行抹平与收光。收光的时间不可过早，否则表面易发生起皱、无光泽、不密实与龟裂等质量问题。

③ 撒脱模粉，切忌将脱模粉混入还没有收光的表面。

④ 用选好的模具进行压印，注意控制压膜时间，不能过早或过晚。过早压出的表面为毛面，没有光泽度，耐磨性较差；而过晚会压不出纹理。为保证纹理深浅均匀统一，压模时应注意力度均匀。

⑤ 地坪清洗程度需确保一致，否则表面颜色会深浅不一。

⑥ 保护剂粉刷不应过早，施工7天后才可进行粉刷。

构造参考做法　SCHEMATIC DRAWING

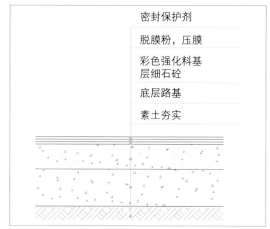

| 密封保护剂 |
| 脱膜粉，压膜 |
| 彩色强化料基层细石砼 |
| 底层路基 |
| 素土夯实 |

施工步骤　CONSTRUCTION STEPS

摊铺细石砼

细石砼收光

摊铺压膜材料

压膜材料收光

撒脱模粉

人工压膜

专业清洗

上密封保护剂

纹理清晰、色彩均匀

纹理清晰、色彩均匀

019 沥青混凝土路面施工

粘层沥青，运料，摊铺，碾压

摊铺沥青

机械碾压

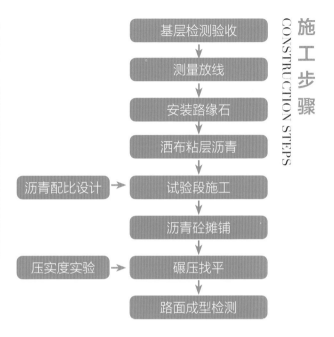

施工步骤 CONSTRUCTION STEPS

基层检测验收

↓

测量放线

↓

安装路缘石

↓

洒布粘层沥青

↓

沥青配比设计 → 试验段施工

↓

沥青砼摊铺

↓

压实度实验 → 碾压找平

↓

路面成型检测

施工要点 MAIN POINTS

❶ 基层准备完毕后，洒布粘层沥青油，要注意用料合理、厚度适当、喷洒均匀，并注意保持两侧路缘石的干净整洁。

❷ 运料车厢应保证干净整洁，运输过程中应对材料进行覆盖，保温、防雨、防污染。

❸ 施工过程中，摊铺机前方应有足够的运料车等待卸料，运料车应停放在距离摊铺机10～30m处。

❹ 摊铺作业时，摊铺机必须缓慢、均匀、连续不间断进行摊铺，并注意摊铺温度和厚度的控制，不得随意变换速度或中途停顿，局部不均匀可采用人工补料找平。

❺ 摊铺结束后，应及时进行碾压，共分为初压、复压、终压三个阶段进行，后一阶段应紧跟在上一个阶段进行。

❻ 为防止沥青粘轮，可用隔离剂或防粘剂对压路机钢轮进行涂刷。

❼ 碾压结束后，应立即检查路面平整度及质量是否达到设计标准，待温度下降后方可开放通行。

参考规范
《城镇道路工程施工与质量验收规范》CJJ 1-2008
《沥青路面施工及验收规范》GB 50092-1996

构造参考做法 SCHEMATIC DRAWING

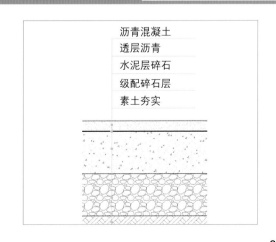

沥青混凝土
透层沥青
水泥层碎石
级配碎石层
素土夯实

020 彩色沥青路面施工

清理，拌合，摊铺温度，碾压

施工要点　MAIN POINTS

① 摊铺前应将摊铺机的拌缸清洗干净，不能残留原有的黑色沥青，否则易对彩色沥青造成污染。

② 彩色沥青砼拌和时需严格控制色粉量和拌和次序、时间，其拌和时间一般比普通沥青砼多10~15秒，除此之外彩色沥青砼与普通沥青砼在拌和时所采用的方法及技术标准基本相同。

③ 摊铺时要注意控制温度，不同阶段的碾压温度是根据试压确定的。摊铺时还应及时检查混合料是否存在严重的污染、色差及离析现象，若存在应及时清除，确保摊铺作业质量。

④ 光轮压路机碾压前用水清理压路机钢轮上的杂物及砂土，能够有效地防止彩色沥青砼面层受污染。

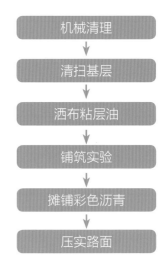

施工步骤　CONSTRUCTION STEPS

机械清理 → 清扫基层 → 洒布粘层油 → 铺筑实验 → 摊铺彩色沥青 → 压实路面

摊铺沥青

人工补料找平

机械碾压

021 石材登山道施工

材料运输，台级计算，试拼预铺，成品保护

施工要点 MAIN POINTS

① 施工前先实地勘踏地形，对照图纸，根据山体走势调整线形。尽量少破坏原山体植被，勿大挖大填，保护现场有利用价值的地形地貌、景石、树木、水体等。

② 如条件许可，开辟一条材料运输通道，施工完成后恢复原状。若采用路基运输材料，要注意施工面和材料运输线路不可冲突，确保施工安全。

③ 路基清理成形后需夯实，避免沉降。

④ 垫层混凝土施工前，需进行准确放线。依据地形标高调整台级与过渡平台。台阶高度控制为13~20cm，踏面控制宽度为30~40cm。台级级数尽量3级以上，过渡平台长度不小于1.5m。平面段坡度不大于15°。

⑤ 石材面层铺设前，先进行试拼，对好纵横缝，控制好平整度，弧线段内不能有小料、小边。

⑥ 试拼合格后再大面积铺贴。同一铺装区域的石材材质、色差、规格要一致。台阶铺装完成后，在缝隙中撒入干燥的水泥粉，将缝隙填满。

⑦ 根据现场情况设置排水沟，预埋过路排水管。

⑧ 若开挖产生裸露坡面，应及时进行生态修复。

⑨ 施工完成后做好成品保护及养护，防止二次损坏污染。

构造参考做法 SCHEMATIC DRAWING

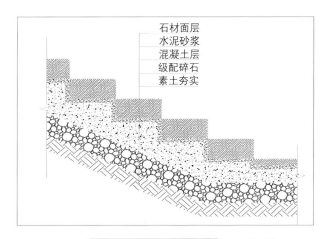

石材面层
水泥砂浆
混凝土层
级配碎石
素土夯实

施工步骤 CONSTRUCTION STEPS

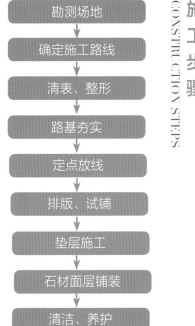

勘测场地

确定施工路线

清表、整形

路基夯实

定点放线

排版、试铺

垫层施工

石材面层铺装

清洁、养护

登山道施工

登山道

022　水岸防腐木栈道施工

防腐木，钢龙骨，涂刷油漆

施工要点　MAIN POINTS

① 场地初平，清理基层后按施工图纸测量放线，放出桩柱的中心点。水岸木栈道的桩柱一般采用预制钢筋混凝土、钢结构、石材或其他坚硬材料，打设桩柱过程中，采用水准仪对其垂直度进行控制，发现偏差及时纠正。

② 在软土层地区打桩时，需先行试探，再施工。故在施工过程中，要密切注意地层持力情况，防止机械深陷。

③ 桩柱的高度控制，要确保面层高于最高水位线。桩柱固定后，按设计要求安装龙骨。

采用镀锌不锈钢角钢及镀锌十字螺栓与砼梁固定，铺装龙骨的间距应根据安装板面厚度和实际情况进行调整。

④ 防腐木面层铺贴时需按设计要求留缝，缝宽均匀一致。面层与龙骨间采用镀锌或不锈钢材质的螺纹钉固定，且须预先钻孔，避免防腐木开裂。螺钉钉眼应分布均匀整齐。

⑤ 安装完成后涂刷油漆，涂料质量要符合国家规范。涂刷油漆要均匀、色泽一致、无明显气泡、皱皮、附着性好，不漏涂、误涂。

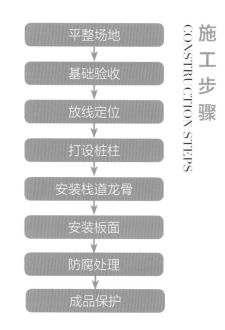

施工步骤　CONSTRUCTION STEPS

平整场地

基础验收

放线定位

打设桩柱

安装栈道龙骨

安装板面

防腐处理

成品保护

栈道铺装钉眼顺直，缝隙均匀

栈道铺装高低不平，缝隙不匀

栈道铺装安装不牢固

023 橡胶地垫安装

除尘清洁，挤压，切割

地垫铺装平整，对缝整齐

橡胶地垫凹凸不平，对缝不齐

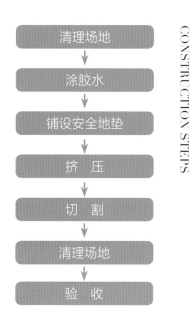

施工步骤 CONSTRUCTION STEPS

清理场地
↓
涂胶水
↓
铺设安全地垫
↓
挤 压
↓
切 割
↓
清理场地
↓
验 收

施工要点 MAIN POINTS

① 正式铺装之前，应将水泥地面风干、整平，若存在油污应及时清除。

② 厚度不足40mm的橡胶地垫，应用万能胶粘贴，40mm以上因其重量较大，可直接铺装。

③ 胶水应先涂在每块地垫的四角及中间，并等待2~3分钟后再粘贴到地面上。

④ 在铺设大约1个小时后，开始挤压最先铺设的安全地垫，挤压时横向和纵向的外边缘用水泥钉定位，以免挤压时地垫移位。

⑤ 挤压时应使用橡胶锤敲击地垫，注意控制力度，切不可损坏地垫，并且要保证地垫边对边，角对角，四周平整。

⑥ 四周区域地垫如需切割时，须切成斜角，表面少切，底部多切。

⑦ 当全部地垫铺设完毕后，应及时清理场地。

构造参考做法 SCHEMATIC DRAWING

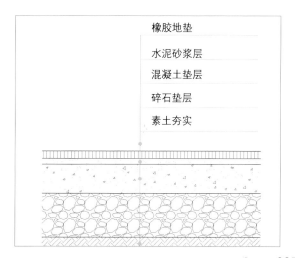

橡胶地垫
水泥砂浆层
混凝土垫层
碎石垫层
素土夯实

024 嵌草踏步安装　铺设间距，埋设稳固，收边

路面平整，间距一致，收边整齐

路面高低不平，踏步间距不一

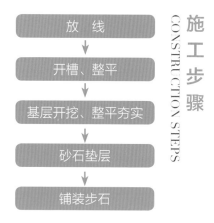

放　线

开槽、整平

基层开挖、整平夯实

砂石垫层

铺装步石

施工要点　MAIN POINTS

❶ 石材面应平整，无崩缺或断裂，形状与色彩要统一协调，差异不能过大。

❷ 石板正式铺设前，先在铺设区域来回走几次，把足迹重叠处用石灰圈画出来，石板就安放在该区域上。

❸ 石板放置后再次在上面来回行走，检查每块的间隔是否合适，并及时调整位置。成年人脚步间距大约是45~55cm，可以此标准控制相邻石板的间距。

❹ 石板埋设必须稳固，不能松动。为保证石板牢固，石板厚度60mm以上为宜，石板露出土面的高度为石板厚度的1/3~1/2。

❺ 为稳固步石，需对石板侧面进行局部抹灰时，不能影响周边草丛的正常生长。

参考规范
《园林绿化工程施工及验收规范》DB11/T 212-2009

构造参考做法　SCHEMATIC DRAWING

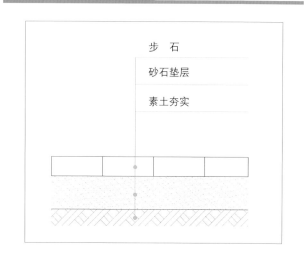

步　石

砂石垫层

素土夯实

025 块石汀步安装

支撑石块，石块间距，石块重心

施工要点 MAIN POINTS

① 规则式汀步宽度一般为40~50cm，汀步间距以5~10cm为宜，相邻汀步间高程差不应大于5cm。

② 块石汀步下支撑石块要平整，并用M10水泥砂浆粘结固定。

③ 顶石用大块毛石时，其顶面一般高出常水位10~25cm，底面应在水面以下。块石表面不宜光滑，面积在0.25~0.35㎡为宜。

④ 块石汀步安放时应注意使石块重心稳定。

⑤ 现浇或预制钢筋砼汀步的踏步表面应水平。

参考规范
《园林绿化工程施工及验收规范》CJJ 82-2012

构造参考做法 SCHEMATIC DRAWING

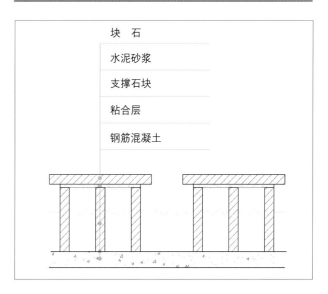

块石

水泥砂浆

支撑石块

粘合层

钢筋混凝土

规则式汀步景观效果

汀步块石大小、间距合理，行走自然

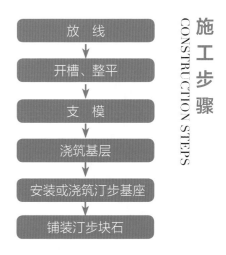

施工步骤 CONSTRUCTION STEPS

放 线
↓
开槽、整平
↓
支 模
↓
浇筑基层
↓
安装或浇筑汀步基座
↓
铺装汀步块石

026 路缘石安装

勾缝，收边

施工要点 MAIN POINTS

① 路缘石铺砌时应使用干硬性砂浆，砂浆应饱满，厚度均匀。

② 路缘石基础及背后应用100~150mm厚混凝土衬实，反起高度不低于路缘石高度的2/5。

③ 平道牙通常采用密缝处理，而立道牙通常有密缝、凹缝、凸缝3种处理方式。

④ 路缘石之间的凹缝勾缝时，宜用10mm圆钢或方通隔开砌石，再用10mm的圆钢或方通密实勾缝，填缝剂颜色应与路缘石接近，填料密实并凹压入缝内1~2mm。凸缝连接时，填缝应高出石材面约8mm，宽度约12mm，表面光滑工整，棱角挺直。

⑤ 异形道牙需定做或根据弧度将其分段切分成小尺寸进行安装，在拼接时阳缝最宽处不可超过8mm。

⑥ 平道牙收边时，地面铺装与路缘石上缘接缝要平顺，缝隙要均匀，留缝应与地面等同，并根据设计或规范要求向路缘放坡；立道牙跟部收边时，地面铺装与路缘石之间交缝应均匀，留2~3mm缝隙，横坡顺水，纵坡连接集水口应顺畅。

⑦ 路缘石与种植区收边时，种植面应低于路缘石3~5cm，并在背后勾缝，以防泥浆渗漏。

参考规范
《园林绿化工程施工及验收规范》DB11/T 212-2009

构造参考做法 SCHEMATIC DRAWING

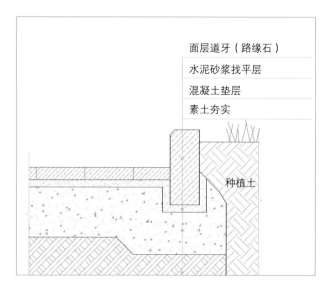

面层道牙（路缘石）
水泥砂浆找平层
混凝土垫层
素土夯实
种植土

安装道牙

道牙收缝

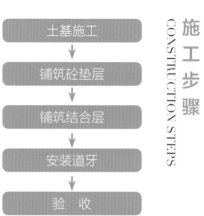

施工步骤 CONSTRUCTION STEPS

土基施工
↓
铺筑砼垫层
↓
铺筑结合层
↓
安装道牙
↓
验收

3 广场及附属工程

SQUARE AND FACILITY ENGINEERING

027 广场施工放线

控制点，坐标网，控制桩点

测量定位

放线

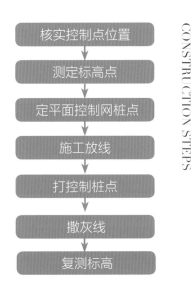

施工步骤
CONSTRUCTION STEPS

- 核实控制点位置
- 测定标高点
- 定平面控制网桩点
- 施工放线
- 打控制桩点
- 撒灰线
- 复测标高

施工要点　MAIN POINTS

① 放线前先复核图纸，若图纸与施工现场有较大差异，应与设计单位沟通修改，现场有障碍物的应与相关部门协调。

② 核实场地基准点位置、标高和图纸一致后，根据基准点或全站仪、卷尺等工具确认平面控制网的桩点位置，打木桩并做标记，桩上标明标高，再根据标记桩依次撒灰线标记轴线网，标记控制点，记录放线尺寸和距离。

③ 若为大面积方形广场，应先将广场分块为若干个小广场，再根据施工坐标网放线定位，控制高程；若为圆形广场，则先找到圆心位置，再根据圆心每隔10m放出若干个圆形。若为异形广场，先进行规则式分块，弧形区域放线采用弓高法，先定位圆弧上两点后再通过计算求得另一个点，分段逐步确定，以小直线段组合成圆弧。

④ 放线过程中应联测放线控制点，保证放线效果与图纸一致。在垫层施工后再复核网线与图纸位置，复测标高，确保面层铺装时竖向标高和排水方向准确。

参考规范

《园林绿化工程施工及验收规范》CJJ 82-2012

028 石材拼花铺装

试铺排版，图案控制，放样

施工要点 MAIN POINTS

❶ 广场石材拼花铺装有多种，基础做法与一般地面铺装一样，主要区别在于面层拼花铺贴。

❷ 拼花铺装要求设计方提供CAD排版图。施工前清理基层表面杂质，结合现场放样调整，根据图纸试铺排版，做好石材对应编号。

❸ 异形石材直接找厂家订做并编号，现场根据编号直接铺贴。若大面积异形石材，需现场切割石材时，可将拼花铺装分解，如花瓣形拼花，可分解成弧形波打和内铺大板异形切割。边角部分根据铺贴情况再现场切割。

❹ 圆形拼花铺装应控制好圆心和弧线，先定好圆心，从内向外铺贴。同心圆拼花铺装建议工字型错缝铺贴，对缝对厂家精度要求高。

❺ 依据试铺时的编号、图案及试铺的缝隙宽度进行铺贴。整个石材拼花施工按照"先整体后局部，先异形或图案后规整，先大后小"的顺序进行。

❻ 铺贴1~2天后灌缝、勾缝，填缝深度大于3mm。

施工步骤 CONSTRUCTION STEPS

下料、厂家加工、验货

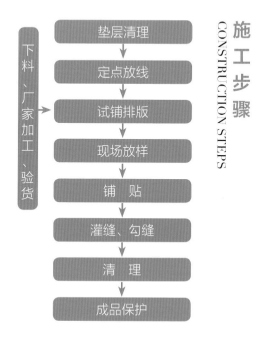

垫层清理 → 定点放线 → 试铺排版 → 现场放样 → 铺贴 → 灌缝、勾缝 → 清理 → 成品保护

试铺排版

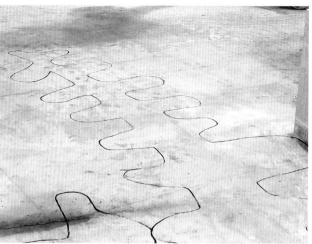

放线定样

石材切割、拼接

029 石材台阶面层施工

 放样，试铺，成品保护

施工要点　MAIN POINTS

① 台阶铺装前，进行基层质量验收。验收合格后，在现场铺装区域进行放样，确定标准板块的尺寸，制定边角收口方案，避免零碎料出现在端部和收口位置。

② 铺装前石材应预先湿润并阴干备用，就近堆放。预排版放线，然后进行试铺，对好纵横缝，用水平尺控制铺装平整度。

③ 若踏面为较轻的非异型台阶，应先铺踢面，后铺踏面。若踏面为较厚重或异型的台阶，定位比较困难，应先铺贴台阶踏面，再铺踢面，避免踏面与侧板对接不整齐。踏面依据设计要求设置排水坡度（若无设计要求，坡度以1%为宜），台阶两侧坡度过大时应按照规范设排水沟，避免雨水自台阶上跌落。台阶与树池等相接时，应先完成池壁贴面，再铺设台阶踏面。

④ 为确保台阶石板表面稳定、平整，可用平直的木板垫在台阶平面上，用橡皮锤敲打，控制平整度。

⑤ 台阶铺装完成后，板缝中撒入干燥的水泥粉或灌入稀水泥浆，将缝隙填满。如果有预埋件、灯槽等，需要注意收口的处理。

⑥ 做好成品保护，避免二次损坏污染。

构造参考做法　SCHEMATIC DRAWING

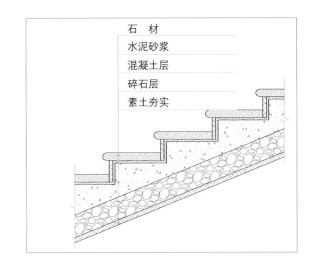

石　材
水泥砂浆
混凝土层
碎石层
素土夯实

台阶踏面平整，踢面高度一致 ✓

踏面石材厚度不一，踢面石材高低不平，施工粗糙 ✗

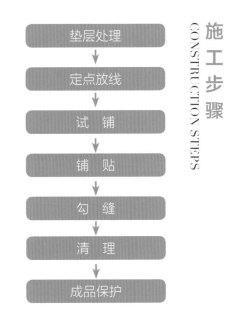

施工步骤　CONSTRUCTION STEPS

垫层处理 → 定点放线 → 试铺 → 铺贴 → 勾缝 → 清理 → 成品保护

030 构筑物立面石材湿贴

放线，防空鼓，防泛碱

施工要点　MAIN POINTS

① 石材安装前，应清除基层表面灰尘、杂物。表面光滑平整的基体需进行凿毛处理，使表面粗糙。

② 安装前应统一找平，并弹出铺装控制线，确定起点和展开方向。

③ 选用的石材应表面平整，色泽一致，边缘整齐，棱角完整无破损。若排版有图案时，应先在地面上进行试拼并编号，正式施工时"对号入座"。

④ 水泥砂浆须饱满及密实，不能出现空鼓及藏水现象。

⑤ 安装时，顺序一般由下往上，由中间往两端铺贴。

⑥ 铺贴时，上缝应水平，侧缝应垂直，并与相邻缝隙对齐。石材尺寸应准确，稍有偏差时，可用胶片等垫住下缘，使上下缝均匀统一，铺装表面应整体平整，无明显翘曲。

⑦ 安装后应及时用蘸水的海绵清理，并按石材颜色嵌缝，边嵌边擦。有条件的情况下嵌缝采用石材专用的硅酮耐候密封胶密封。

⑧ 石材湿贴后墙面易泛碱，石材除做好有机硅防碱背涂外，还须做好其它防水措施。

参考规范
《建筑装饰装修工程质量验收规范》GB 50210-2001

构造参考做法　SCHEMATIC DRAWING

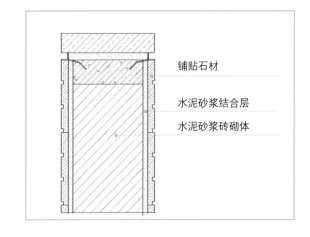

铺贴石材

水泥砂浆结合层

水泥砂浆砖砌体

石材铺贴

放线并铺贴石材

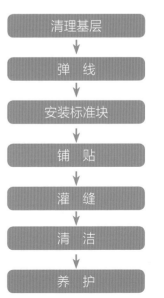

施工步骤　CONSTRUCTION STEPS

清理基层 → 弹线 → 安装标准块 → 铺贴 → 灌缝 → 清洁 → 养护

031　构筑物立面石材干挂

放线，隐蔽验收，镶挂，嵌缝

从下向上安装墙面石材

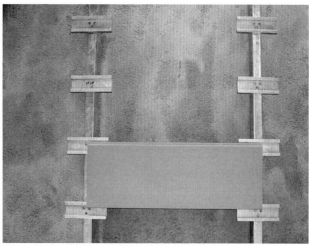

石材干挂

施工步骤 CONSTRUCTION STEPS

放　线
↓
连接件焊接与龙骨安装
↓
龙骨隐蔽验收
↓
挂件安装
↓
饰面板安装
↓
石材安装
↓
嵌　缝
↓
墙面清理

施工要点　MAIN POINTS

❶ 在墙面画出水平及竖向的控制线，根据需要干挂的石材规格弹出预埋钢板位置线、龙骨位置线及石材分格布置线并进行校核。

❷ 龙骨与预埋件之间间距较大时，水平连接后应增加斜撑。接缝之间焊缝应饱满，无孔隙，表面应干净，无焊渣。焊缝检验合格后再对焊接部位刷3遍防锈漆。

❸ 骨架施工完成后，进行不锈钢挂件的安装，采用不锈钢螺栓来连接。

❹ 安装石材时应自下而上，在墙面最下一排石材的上下口拉两条水平控制线，石材从中间或墙面阳角开始安装。以第一块安装的石材作为基准，纵横对缝，校准后固定。安装一排石材后，以此类推，从下往上安装下一排的石材。

❺ 嵌缝内的垃圾用特制板刷清理，清理干净后再用丙酮水洗刷两遍，增加密封胶的附着能力。

❻ 嵌缝打胶前，先在嵌缝内粘贴胶条，然后分段一次性完成，保证嵌缝无气泡、不断胶。

构造参考做法　SCHEMATIC DRAWING

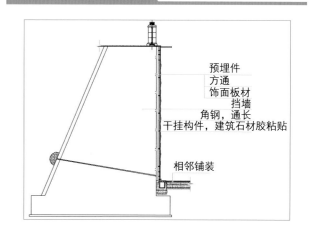

预埋件
方通
饰面板材
挡墙
角钢，通长
干挂构件，建筑石材胶粘贴
相邻铺装

032 砖砌种植池施工

弹线定位，错缝砌筑，湿贴

池体砌筑

水泥砂浆抹面

施工步骤 CONSTRUCTION STEPS

放 线
↓
基槽开挖
↓
整平、夯实
↓
粗砂垫层
↓
砖砌筑
↓
水泥抹面
↓
石材贴面
↓
石材压顶

构造参考做法 SCHEMATIC DRAWING

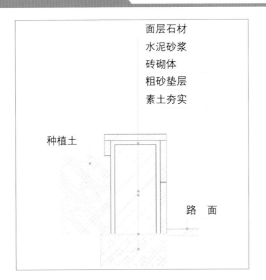

面层石材
水泥砂浆
砖砌体
粗砂垫层
素土夯实

种植土

路 面

施工要点 MAIN POINTS

① 放线后开挖基槽并进行夯实及整平，基槽若有松软不实的地方应进行加固处理，避免发生不均匀沉降现象。

② 砌砖施工前槽底一般铺一层粗砂层，在找平层上浇注约10cm厚素混凝土垫层。在垫层上将砌砖位置弹线定位，厚度3~5cm，作为找平。

③ 砂砖或红砖在砌筑前应浇水湿润，含水率不小于10%，有利于砂浆与砖的黏结。

④ 砌筑时采取错缝砌筑，同层砖不得形成顺向通缝，层与层之间的砖不得形成竖向通缝。

⑤ 砌筑时池底注意预留排水口。

⑥ 砌筑完毕后，基础处需回填泥土并夯实整平。

⑦ 面砖施工时，基层必须清理干净、平整，应扫净灰渣和浮土，不平之处应铲平，油污可用火碱溶液清洗干净。

⑧ 池壁通常采用湿贴工艺进行铺贴，面砖铺贴时应先铺贴池壁面层，后进行压顶面层铺贴。

参考规范

《砌体结构工程施工质量验收规范》GB 50203-2011

033 线形排水沟安装

标高，安装，排水

施工要点　MAIN POINTS

① 线形排水沟分为单缝排水沟、多缝排水沟。上部构件由不锈钢角钢焊接组合，单条缝隙宽度为10~15mm。沟体一般为现浇混凝土或树脂预制模块组成。

② 路基形成后，标出线形沟的位置，同时分层标出各工序完成面的高度。然后根据标线浇注素混凝土垫层，在垫层上制模浇注钢筋混凝土沟体或安装树脂预制模块。混凝土沟体施工时，须在沟沿两边对称预留钢筋，间距约500mm，露出高度约50mm，弧形位置间距须适当加密。

③ 沟体底部以预留的排水口为中心点划分自然段，各自然段向排水口均匀倾斜找坡。

④ 沟体施工后，将不锈钢构件架设在沟体上，将构件的支撑件靠紧预留好的钢筋头，调整好安装高度，使沟缝上口与铺装完成面平齐，再将支撑件与预埋件焊接稳固。

⑤ 上部构件安装完成后，构件两侧漏空部分用不锈钢封闭，表面用混凝土砂浆进行保护，砂浆厚度要控制好，应预留铺装结合层空间。施工过程中注意保持沟体清洁，边施工边检查，确认沟内清洁后，及时用泡沫条将施工完成的沟缝密封。

⑥ 石材与不锈钢边缘接触应下虚上实，上口留缝1~2mm，避免石材热胀挤压不锈钢。

⑦ 为便于清洁、检修，线形沟每间隔20m须设置一个检修口，转弯位置应加设，弧形位置应加密。检修口应置于线形沟靠铺装面的一侧，大小根据铺装来调整，尽量减少石材切割。线形沟经过检修口时，应保持通长完整。

参考规范
《城镇道路工程施工与质量验收规范》CJJ 1-2008

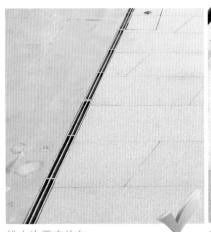

排水沟平直均匀

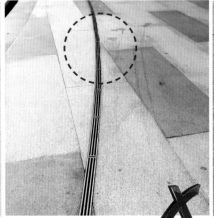

排水沟与铺装衔接不顺畅

排水沟边缘不平顺

构造参考做法　SCHEMATIC DRAWING

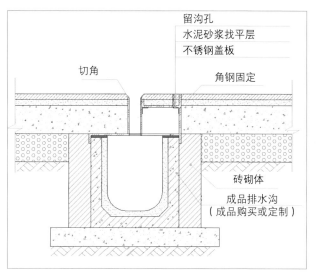

留沟孔
水泥砂浆找平层
不锈钢盖板
角钢固定
切角
砖砌体
成品排水沟（成品购买或定制）

施工步骤　CONSTRUCTION STEPS

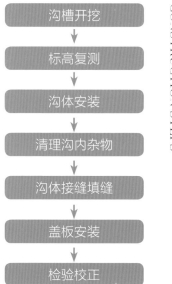

沟槽开挖 → 标高复测 → 沟体安装 → 清理沟内杂物 → 沟体接缝填缝 → 盖板安装 → 检验校正

034 盖板排水沟安装

找坡，清理，安装

安装前修补沟槽，清理沟底杂物

盖板安装平整，与周边衔接顺畅

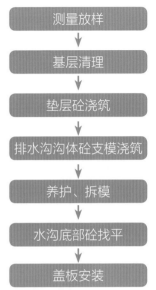

施工步骤 CONSTRUCTION STEPS

测量放样 → 基层清理 → 垫层砼浇筑 → 排水沟沟体砼支模浇筑 → 养护、拆模 → 水沟底部砼找平 → 盖板安装

施工要点 MAIN POINTS

① 放出模板安装边线，然后安装模板，安装模板必须垂直，并严格按照图纸进行找坡。

② 为避免堵水现象的发生，模板和模板之间应拼接平整，不能错位搭接。

③ 浇筑砼时应连续进行，如果中间有间隔，时间不应过长，并在前一层砼初凝前，浇完次层砼。排水沟如分段浇筑，应对每一段端头的施工缝进行凿毛处理。

④ 每一段浇筑完毕后，待砼初凝，可用湿草帘覆盖并定时洒水养护，为期7~14天。养护期间不可碰撞、振动或承重。

⑤ 在排水沟沟身砼施工找平后，排水沟盖板安装前，对已施工段排水沟盖板安装基底进行检查，对不合格部位进行修凿或砂浆找平，确保盖板安装时基座平整，标高符合设计要求。

⑥ 水沟盖板一般采用钢筋混凝土预制板或石材。材料运送进场后需定点堆放。

⑦ 排水沟盖板安装以平顺、不晃动为标准。

参考规范
《城镇道路工程施工与质量验收规范》CJJ 1-2008

构造参考做法 SCHEMATIC DRAWING

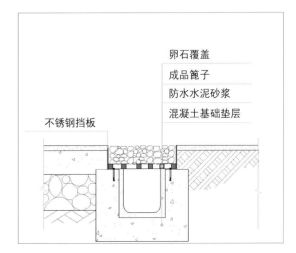

卵石覆盖
成品箅子
防水水泥砂浆
混凝土基础垫层
不锈钢挡板

栏杆安装工程

RAILING INSTALLATION ENGINEERING

4

035 铁艺栏杆安装

放线定位，焊接，抛光

栏杆安装顺直，牢固光滑

栏杆基部安装不牢，焊口明显

施工步骤 CONSTRUCTION STEPS

基础施工

↓

放线定位

↓

安装预埋件

↓

安装立柱

↓

栏杆与立柱相接

↓

进行栏杆固定、抛光

施工要点 MAIN POINTS

① 预埋件需依据图纸和施工现场的实际情况进行精确无误的定位。

② 铁艺栏杆所有铁件采用钢丝轮或砂纸除锈，并刷两道防锈漆，再进行焊接安装。

③ 安装时，焊接部位要焊平，对接部位要严密，保证平整度，横平竖直。焊接部位的焊口必须满焊，做到焊口无断缝，无沙眼，焊口要打磨光滑，平整度达标，扶手要抛光磨平。

④ 栏杆安装完毕后，必须进行校对，对于存在偏差的地方须进行调整。

⑤ 栏杆做面漆处理，喷漆要均匀，保证栏杆表面整洁。对成品、半成品加工的铁艺栏杆，已做面漆处理的，将连接口打磨抛光后，及时用防护漆和面漆处理焊口，并使面漆完整均匀地覆盖铁件。

⑥ 展开施工前，应先进安装样板，经过甲方、监理确认后，方可进行大面积施工。

构造参考做法 SCHEMATIC DRAWING

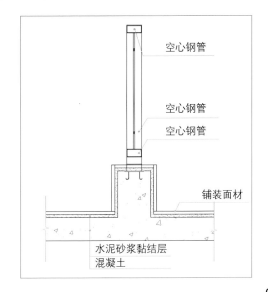

空心钢管

空心钢管

空心钢管

铺装面材

水泥砂浆黏结层

混凝土

036 玻璃点支式栏杆安装

立柱安装，抛光，固定

施工要点 MAIN POINTS

① 安装预埋件时，应先进行放线，确定立柱固定点的位置，确定螺栓位置后，将螺栓拧紧同时将螺母与螺杆间焊死，防止螺母与钢板松动。

② 为防止安装预埋件时产生误差，需在立柱安装之前重新放线，以确定埋板位置与焊接立杆的准确性，保证立柱整体坐落在钢板上，且四周焊接。

③ 焊接立柱时，采用支架固定使其保持垂直，在焊接时不能晃动，点焊后要校正，确认合格后才可以满焊。焊缝应饱满，符合焊接规范和设计要求。

④ 焊接完毕后，使用手提砂轮打磨机将焊缝打平抛光，直到不显焊缝。

⑤ 立杆、扶手及不锈钢爪定位安装后，根据定位尺寸进行玻璃板的下料并编号，同时确定每个板块孔洞。

⑥ 玻璃板块加工之后，安装时应根据标号，采取对号入座的方式进行安装，超过1㎡的玻璃应使用玻璃吸盘。

⑦ 禁止玻璃与金属直接接触，应使用橡胶垫及硅酮系列密封胶将玻璃与金属进行隔离。

构造参考做法 SCHEMATIC DRAWING

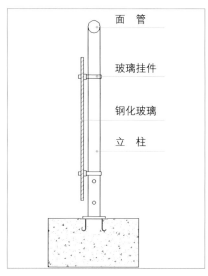

面 管
玻璃挂件
钢化玻璃
立 柱

施工步骤 CONSTRUCTION STEPS

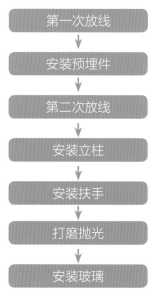

第一次放线 → 安装预埋件 → 第二次放线 → 安装立柱 → 安装扶手 → 打磨抛光 → 安装玻璃

安装玻璃

打磨

037 不锈钢栏杆安装

垂直校正，脱脂去污，焊接组装

施工要点 MAIN POINTS

① 施工前先进行现场实测放线，放大样确定尺寸、立柱安装位置并安装预埋件。

② 根据不同的杆件长度进行准确的下料，长度允许偏差不大于1mm。

③ 焊接清洗坡口，确认定位准确、牢固后才进行焊接。用三氯代乙烯、苯、汽油、中性洗涤剂或其它不具腐蚀性的化学药品进行刷洗。

④ 焊接时应采用小电流、窄焊道、快速焊，可以防止裂纹及变形的产生。与腐蚀介质接触的面应最后焊接。焊后可采用强制冷却，如水冷、风冷等。若焊后产生变形，只能采取冷加工的形式进行矫正。

⑤ 杆件焊接组装完毕后，若焊缝没有明显的凹痕或凸出较大焊珠，可直接抛光；否则先用角磨机进行打磨，磨平后再进行抛光。

构造参考做法 SCHEMATIC DRAWING

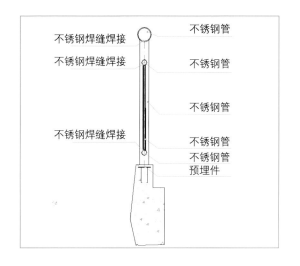

不锈钢焊缝焊接 — 不锈钢管
不锈钢焊缝焊接 — 不锈钢管
不锈钢管
不锈钢焊缝焊接 — 不锈钢管
不锈钢管
预埋件

栏杆表面光泽均匀，焊接点牢固

栏杆表面大面积的锈渍

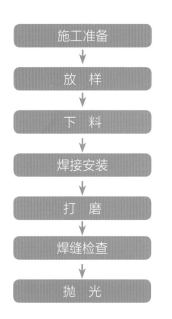

施工步骤 CONSTRUCTION STEPS

施工准备 → 放样 → 下料 → 焊接安装 → 打磨 → 焊缝检查 → 抛光

038　麻绳栏杆安装

立柱安装，固定，穿引麻绳

麻绳栏杆（高）

麻绳栏杆（矮）

钢管套筒

施工要点　MAIN POINTS

① 按设计图纸定点放线。

② 石材立柱直接用混凝土基础固定，混凝土或钢骨架上的木质立柱用膨胀螺栓或角铁、钢套筒固定，钢管套筒与钢结构焊接相连，上下钻十字孔，立柱用螺栓固定在钢管套筒内，钢管套筒内外须满焊、垂直并做防锈处理。

③ 工厂加工完成立柱的钻孔、打磨及相应配件，再运至现场进行安装。面层铺装时注意和栏杆的收口处理。

④ 若采用木质栏杆，需进行防腐处理。

⑤ 栏杆安装固定后在柱间穿引麻绳，麻绳预留一定量下沉弯度。矮栏杆立柱间穿引麻绳即可，高栏杆立柱间为考虑安全性，需要编织麻绳网。

基础施工 → 定点放线 → 立柱安装 → 编织、穿引麻绳

施工步骤 CONSTRUCTION STEPS

5 水景工程

WATERSCAPE ENGINEERING

039　人工湖驳岸线处理

粗放线，微调驳岸线，高程控制

施工要点　MAIN POINTS

① 人工湖自然式驳岸放线前，收集现场资料，复核测量资料和现场情况，根据图纸上的基准点和控制网进行粗放线。

② 放线后评估水面景观效果，结合现场是否有需要保护的大树、山石、构筑物、地形地貌等有价值的原有景物，因地制宜，在尽量减少土方扰动的情况下进行微调，做到曲折变化、自然流畅。如现场与施工图纸差距较大时，及时与设计方沟通，做好设计变更的相关资料。

③ 定好标高、布设桩点后，设置易识别标志，做好保护工作，并定期进行检查复测。

④ 施工过程中尽量减少土方外运，在开挖和回填过程中平衡土方，降低成本。

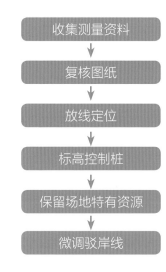

施工步骤　CONSTRUCTION STEPS

收集测量资料

复核图纸

放线定位

标高控制桩

保留场地特有资源

微调驳岸线

驳岸线修整

保留原自然驳岸线

保留湖周边原有景物

040 人工湖毛石驳岸施工

基槽验收，设沉降缝，铺浆砌筑，泄水孔

砌筑毛石砌体

灌注伸缩缝

土方回填夯实

施工要点　MAIN POINTS

❶ 施工准备时，应有驳岸基础情况的详细地质勘察报告。现场应根据地质状况处理地基或做加固措施，在保证安全施工前提下才可开挖基槽。开槽前设置围堰，有水的要采取排水措施。

❷ 基槽开挖至设计位置后，清理基槽中杂物，再对基槽进行夯实。精准放出墙体的轴线，注意保护好定位轴线和高程标准桩，避免碰撞移位。基槽两侧放坡根据现场地质情况，放1∶1~1∶0.5的坡。

❸ 毛石驳岸砌筑前，复查弹好的线，位置尺寸应符合设计要求，根据进场石料大小试排、摞底，确定砌筑方法。

❹ 毛石砌体应采用铺浆砌筑法，不可采用外面侧立石块、中间填心的砌筑方法。砌筑时分批错缝，内外搭砌，先把石块间较大的空隙填塞砂浆，再用碎石块或片石嵌实，不可先摆石块后填砂浆或干填碎石。毛石砌体的灰缝宽约20~30mm，砂浆应饱满，表面平整、光滑。

❺ 墙身梅花形交错设置毛石挡墙泄水孔，间距2.5m。泄水孔向外坡度为5%，安装泄水管时用卵石做反滤层，避免堵塞泄水管。

❺ 驳岸一般每隔20~30m设置变形缝，缝宽应为1~2cm，在与桥台基础、老驳岸连接处也设置变形缝，并用防水材料填塞。

参考规范
《园林绿化工程施工及验收规范》CJJ 82-2012

施工步骤 CONSTRUCTION STEPS

基槽开挖
↓
报检复核
↓
砌筑基础
↓
基槽回填
↓
设沉降缝
↓
石材选料
↓
砌筑墙身
↓
填筑回填土
↓
清理勾缝

041 人工湖格宾石笼驳岸施工

网箱制作，石料填充，网箱封盖

施工要点　MAIN POINTS

① 格宾石笼网箱选用镀锌钢丝网或包覆PVC的钢丝制成，确保石笼网箱不易被腐蚀。

② 驳岸测量放线后，用小型挖机开挖基坑，挖到控制标高处，坑底开挖成比格宾两侧各宽1m的工作坑。清理坑底渣土，用片石或砾石找平、修整，确保坑底和坑壁平顺、垂直。

③ 填装石料前，先放线测出外边缘线，组装格宾石笼后，均匀分层向同层的各箱格内填充石料，每层投料厚度应控制在箱高的1/3左右。考虑到填充料的沉降，顶面石料填充高度

高出石笼2~3cm为宜，空隙处用小碎石密实填塞。网箱层与层间砌体应纵横交错、上下联结，禁出现"通缝"。

④ 格宾盖板用铁丝绞合，相互紧靠的竖直面板边缘要绞在一起。绞合后所有绞合边缘形成一条直线，而且绞合点的几根钢丝紧密靠拢，绞合不拢的地方须用钢钎校正，同一层面的表面必须在同一水平面上。

⑤ 网箱封盖后，平整石笼表面。回填土方，分层夯实两侧坡面。

构造参考做法　SCHEMATIC DRAWING

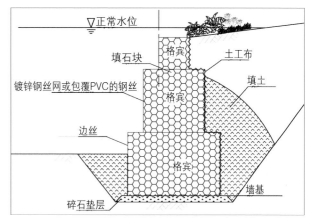

▽正常水位

格宾
填石块　土工布
镀锌钢丝网或包覆PVC的钢丝
格宾
填土
边丝
格宾
墙基
碎石垫层

格宾石笼外露面平整美观

格宾石笼表面不平整，边缘处理粗糙

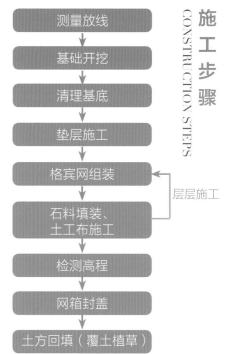

施工步骤　CONSTRUCTION STEPS

测量放线

基础开挖

清理基底

垫层施工

格宾网组装

石料填装、土工布施工　层层施工

检测高程

网箱封盖

土方回填（覆土植草）

042 人工湖防水毯防渗施工

基底处理，搭接宽度，铺贴顺序

铺设防水毯

嵌填膨润土粉

防水毯铺设后覆土、压实

施工要点 MAIN POINTS

① 施工前测量湖底尺寸，结合考虑桥梁、栈道等基础部位材料的需求，准备充足的防水毯材料。材料进场须提供产品出厂合格证及检测报告。

② 铺设前挖除湖底淤泥，清理湖底杂物，确保湖底干燥、平顺，无尖锐物体。

③ 防水毯铺设须避开雨天施工，边铺设边调整展开方向及力度，确保搭接宽度要均匀，湖岸顺坡铺设。大面积铺设时宜采用机械辅以人工的方式，小范围铺设或施工不便之处人工铺设即可。

④ 防水毯铺设时预留一定搭接宽度，重叠部分至少30cm，且应沿着水流坡度方向搭接。

⑤ 岸顶防水毯适当延长铺设，边缘用长钢钉锚固或用回填土压实，锚钉钉孔位置用膨润土密封

剂处理。

⑥ 搭接边缘均匀嵌填膨润土粉，宽度应大于10cm，厚度应大于20cm。与结构物相连接的部位，应先在结构物上涂抹膨润土粉，再铺设防水毯，铺设高度适当高出水平面20cm，且末端密封。

⑦ 防水毯铺设后，进行场地清理，组织防水毯平整度、搭接部位等的验收工作。

⑧ 验收合格后及时覆土、压实，土中不可含有建筑垃圾、石块、树根，回填厚度要符合设计要求。防水毯的暴露时间不应超过24小时。

参考规范
《地下工程防水技术规范》GB 50108-2008
《园林绿化工程施工及验收规范》DB11/T 212-2009

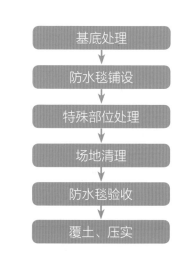

施工步骤 CONSTRUCTION STEPS

基底处理
↓
防水毯铺设
↓
特殊部位处理
↓
场地清理
↓
防水毯验收
↓
覆土、压实

043　驳岸置石施工

基础施工，防水层，景石固定

施工要点　MAIN POINTS

① 景石布置需要根据现场实际情况灵活掌握，根据设计图纸并结合现场放置。

② 驳岸放线后，需夯实土壤加固基础，放置防水材料层，覆盖黏土层后，回填土壤固定堤岸。若景石放置在坡度较大、土质疏松的堤岸，基石或基础要稳固，防止河水浸泡后景石滑动，景石重心倾向河岸。

③ 景石可直接坐落于驳岸边，大的孤石要设置基座，景石放置于基座上。峰石要稳定、耐久、结构合理，一般用石榫头固定。石榫头必须位于峰石的重心线上，榫头用于定位，周边必须与基磐接触。安装时，在榫眼中浇灌少量黏合材料（如纯水泥浆）。待榫头插入时，自然充满空隙。

④ 景石以砼作基础时，在浇筑砼时应留榫眼，等砼凝固达到一定强度后再将景石用黏合材料黏结安装。

⑤ 景石施工完毕进入养护期，应支撑保护，并进行成品保护，禁止游人靠近，以免发生危险。

参考规范
《园林绿化工程施工及验收规范》CJJ 82-2012

构造参考做法　SCHEMATIC DRAWING

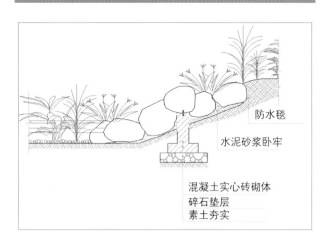

防水毯
水泥砂浆卧牢
混凝土实心砖砌体
碎石垫层
素土夯实

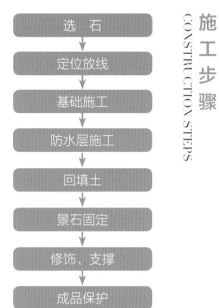

施工步骤　CONSTRUCTION STEPS

选　石
↓
定位放线
↓
基础施工
↓
防水层施工
↓
回填土
↓
景石固定
↓
修饰、支撑
↓
成品保护

景石疏密变化，景观效果好

景石疏密得当，嵌草自然

044 现浇式钢筋混凝土水池结构施工

支模，布筋，浇筑

施工要点 MAIN POINTS

① 现浇钢筋混凝土水池结构，须设置后浇带，后浇带贯通池底、池壁、顶板，在池壁混凝土施工后6周再浇筑，采用补偿收缩混凝土。

② 模板安装和剪力墙支模方法相同，池壁内外模应在钢筋绑扎完毕后一次立好。拉杆应设1~2道止水环，满焊。壁较厚时，加密拉杆和支撑，确保模板稳固并有足够的刚度。

③ 所有穿墙孔洞应预埋止水套管，禁止后凿。钢筋遇到孔洞时应尽量绕过，避免截断。必须切断时，应与洞口的加固钢筋焊接锚固。

④ 浇筑时应先低处后高处，先中部后两端连续进行，确保足够振动时间，排出混凝土中多余气体和水分，排干混凝土表面出现的泛水，池底表面在混凝土初凝前压实抹光，确保混凝土表面强度。

⑤ 先浇筑底板、池壁，再浇筑环梁及顶盖。尽量减少浇筑次数，避免产生过多施工缝，整个主体

结构宜分2~3次施工，池底1次，池壁和顶板1次，浇筑厚度、具体尺寸和钢筋配置符合规范和设计要求。若池身较长，应设温度应力钢筋，增加滑动层，在易开裂部位设置暗梁，避免结构薄弱位置产生裂缝。

⑥ 施工缝均应留在池壁上受力较小的部位，上下用止水钢板连接。下次施工时，将接口凿毛并冲洗干净，先铺垫一层20~30mm厚的水泥砂浆，再进行下一次混凝土浇筑。尽量缩短上、下两段混凝土的浇筑间断时间，保证前后施工的混凝土能够接合。

⑦ 水池脱模后，强度未达1.2N/mm²时应避免振动，同时浇水养护，保持湿润环境14天。

⑧ 水池抹面前，应先进行顶板试水和水池满水试验，验收合格后回填外侧的土方。土方回填前，池顶和池壁外侧铺贴聚苯泡沫板，防止坚硬物体损伤混凝土表面。

参考规范

《给水排水构筑物工程施工及验收规范》GB 50141-2008

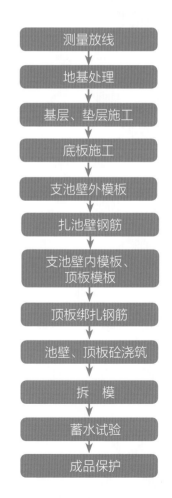

施工步骤 CONSTRUCTION STEPS

- 测量放线
- 地基处理
- 基层、垫层施工
- 底板施工
- 支池壁外模板
- 扎池壁钢筋
- 支池壁内模板、顶板模板
- 顶板绑扎钢筋
- 池壁、顶板砼浇筑
- 拆 模
- 蓄水试验
- 成品保护

水池池底钢筋绑扎

支模

045　水池卷材防水层施工

定位弹线，搭接宽度，封边处理，闭水试验

防水卷材

铺设卷材防水层

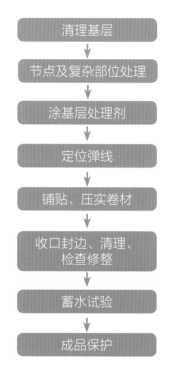

施工步骤　CONSTRUCTION STEPS

清理基层

↓

节点及复杂部位处理

↓

涂基层处理剂

↓

定位弹线

↓

铺贴、压实卷材

↓

收口封边、清理、检查修整

↓

蓄水试验

↓

成品保护

施工要点　MAIN POINTS

❶ 清理基层，确保基层清洁、密实、干燥，不得有砂子或尖锐物，质量验收合格后方能实施下步工序。均匀涂刷基层处理剂，待干燥后铺贴卷材。阴阳角转角处加贴一层宽500mm、搭接宽度为150mm的防水卷材附加层。

❷ 基层定位弹线后，均匀烘烤底面及冷底子油，熔化后边烘烤边滚压铺贴，使其排出空气粘牢。热熔型防水卷材铺贴时从低向高铺贴。

❸ 卷材搭接时，卷材在长边搭接时，搭接宽度≥80mm，在短边搭接时，搭接宽度≥150mm，定位后，先将搭接部位的防粘层和粒料保护层去除，并将连接的两面黏结胶熔化，用手持棍压实黏合挤去空气，铺贴时有熔融的沥青从周边挤出，可用刮刀刮平、封严。上下两层搭接时，长边

搭缝应错开大于1/3的幅宽，短边搭接缝错开大于150mm的幅宽。采用密封材料作为封口条封边，刮封接口。

❹ 卷材防水层铺贴完成后，要进行闭水试验。经检验合格后，应对防水层采取保护措施，尽量减少交叉施工，以免破坏防水层。

046　水池涂料防水层施工

防水涂料，阴阳面，施工温度

施工要点　MAIN POINTS

① 清理基层，做好泛水找坡，保持表面平整、牢固、干净，不得有起砂、空鼓、油污、积水等现象。

② 在基层面上涂刷一层与防水涂料相容的基层处理剂，待其干燥后再刷防水涂料。

③ 根据涂料的特点，按规定将防水砂浆、防水素浆分层涂刷一定厚度，单层涂刷方向应保持一致。每一层防水涂料需等其干燥后再进行下一层防水涂料的施工，一般间隔1~2小时，每层防水涂料的涂刷方向应交叉进行。

④ 基面阴阳角应抹成倒角或圆弧形状后再涂刷防水涂料，可以增大涂刷面积、减少涂层弯折应力，从而降低开裂几率。

⑤ 雨天或涂层干燥结膜前不宜施工。

⑥ 防水涂层施工完成后（不少于24小时），应进行闭水试验，检验防水质量，并做好保护措施，避免防水层受损。

参考规范
《给水排水构筑物工程施工及验收规范》GB 50141-2008

构造参考做法　SCHEMATIC DRAWING

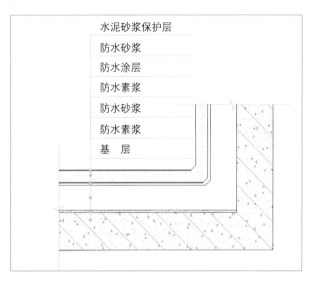

水泥砂浆保护层
防水砂浆
防水涂层
防水素浆
防水砂浆
防水素浆
基　层

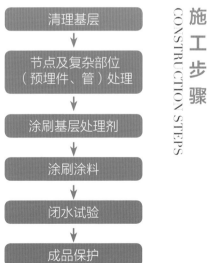

施工步骤　CONSTRUCTION STEPS

清理基层
↓
节点及复杂部位（预埋件、管）处理
↓
涂刷基层处理剂
↓
涂刷涂料
↓
闭水试验
↓
成品保护

涂刷防水涂料

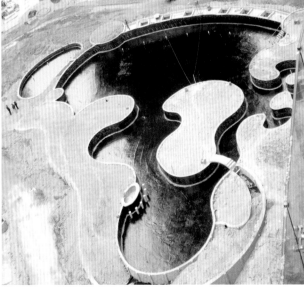

涂刷防水涂料

047 水池变形缝施工 　🌲 伸缩缝，后浇带

构造参考做法　SCHEMATIC DRAWING

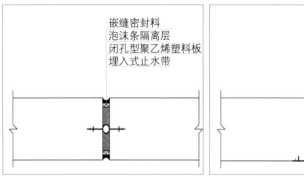

嵌缝密封料
泡沫条隔离层
闭孔型聚乙烯塑料板
埋入式止水带

埋入式止水带结构示意

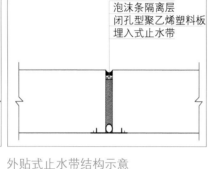

嵌缝密封料
泡沫条隔离层
闭孔型聚乙烯塑料板
埋入式止水带

外贴式止水带结构示意

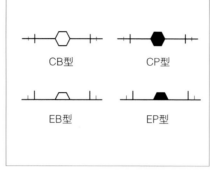

CB型　　CP型

EB型　　EP型

止水带型号示意

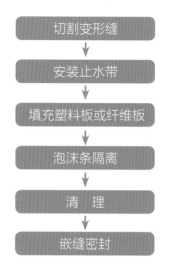

施工步骤　CONSTRUCTION STEPS

切割变形缝
↓
安装止水带
↓
填充塑料板或纤维板
↓
泡沫条隔离
↓
清　理
↓
嵌缝密封

施工要点　MAIN POINTS

❶ 变形缝分伸缩缝、沉降缝，贯通池底、池壁和顶板，断面分布在同一垂直平面内，分开的不同部分应体形规整、匀称，且施工方便。

❷ 现浇钢筋混凝土水池应隔20m(地面)或30m(地下或保湿措施)设一道伸缩缝，装配整体式可加长5~10m。按此构造，一般能适应湿度和温度的变化，并消减混凝土收缩的影响。

❸ 大型水池施工时，结构混凝土中添加合适的外加剂或合理设置混凝土后浇带，可以加大变形缝的设置间距。

❹ 变形缝由止水带、填缝板、嵌缝密封料等组成，止水带有CB、CP、EB、EP等型号，CB型用于变形量和水压较大的变形缝，CP型用于水压较大、变形量较小的变形缝，EB、EP型用于变形量和水压较小的变形缝。止水带的宽度与厚度应符合设计和规范要求。变形缝的结构断面不能小于止水带的宽度，厚度不足时，应局部增加结构厚度。

❺ 埋入式止水带埋入变形缝结构中间，由止水带隔开的两边缝隙填充闭孔型聚乙烯塑料板或纤维板等。填充板到结构面间预留适当空间，用泡沫条隔离，隔离层外面用聚硫密封膏或聚氨酯密封膏等嵌密封料封填密实。嵌缝密封料的填入深度一般为缝宽的1/2~2/3，并低于结构面3~5mm，形成往内凹的弧形槽。外贴式止水带一般用于底板和壁板的外侧。密封料须待结构表面干燥并清洁后才可施工。聚氨酯密封膏等嵌密封料封填密实。

❻ 生活用水池的变形缝应选用无毒、防霉材料，符合生活用水的相关标准和要求。

参考规范
《给水排水构筑物工程施工及验收规范》GB 50141-2008

048 水池马赛克面层铺贴

弹线，试铺，填缝，成品保护

施工要点　MAIN POINTS

① 铺贴前清理基层，确保基层找坡平整、清洁，铺贴预留位置比马赛克厚度厚3~5mm；若贴面较光滑，预先做粗糙处理，增加其黏结强度。

② 弹线定位分格线。根据弹线定的位置试铺，并在基层和马赛克上相对应编号。

③ 铺贴前清洗马赛克。施工面上均匀涂抹水泥或马赛克泳池专用黏合剂，随铺随刷，拍平均匀。

④ 铺贴时对准分格线，马赛克间隔的灰缝要一致。铺贴过程中检查缝宽是否一致，是否对缝，若缝宽不一或错缝，要在黏结牢固前调缝。

⑤ 地面马赛克铺贴从里到外，由中间往四周铺贴，池壁铺贴马赛克时要从下往上贴，且一次不能贴太高。铺贴过程中随时用压尺检查表面平整度，及时调整不平整部位。

⑥ 铺贴后待结合层达到初始强度，清洁马

赛克表面，确保马赛克表面干净、缝隙间无积尘再开始填缝。

⑦ 用抹刀将填缝剂灌入马赛克缝隙，确保灰缝填满且无多余残留。填缝后用湿润的海绵以打圈的方式擦拭马赛克表面。若被水泥浆污染，用瓷砖专用清洁剂洗刷，并用清水洗净。

⑧ 施工后做好成品保护，黏结牢固前禁止通行及注水。

马赛克拼花铺装图案清晰，黏结牢固

水池中马赛克脱落

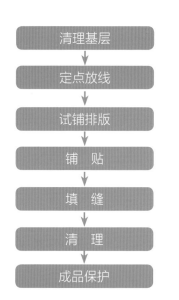

施工步骤 CONSTRUCTION STEPS

清理基层 → 定点放线 → 试铺排版 → 铺贴 → 填缝 → 清理 → 成品保护

挡土墙工程

RETAINING WALL ENGINEERING

6

049 石笼挡土墙施工

网格组装，石料投放，网盖绑扎

施工要点 MAIN POINTS

① 石笼挡土墙施工前，应先按设计要求对石笼进行组装。

② 石材选料须质地坚硬的石块，严禁使用风化石；网箱选用镀锌钢丝网或包覆PVC的钢丝制成，确保网箱不易被腐蚀。

③ 填充石料时，外侧宜用大石块，石笼内侧可用小石块。需将石块大面朝下填充，适当地敲动，使其稳固放置，并且要控制好其高度与平整度。

④ 注意不要挤压石笼的中间隔网，石笼的外侧需要用角钢或钢管固定，以免变形。

⑤ 同一层的相邻石笼应错缝安装，不可顺向通缝，上下相邻石笼应错缝搭接，避免竖向通缝。

⑥ 顶部石料完成投放后进行平整封盖，用封盖夹固定每端相邻结点后，再加以绑扎；封盖与网箱边框相交处，每隔25cm绑扎一道，注意相邻结点的收口，保证整体平整美观。

构造参考做法 SCHEMATIC DRAWING

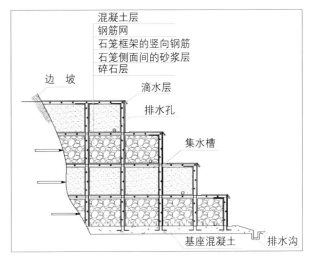

混凝土层
钢筋网
石笼框架的竖向钢筋
石笼侧面间的砂浆层
碎石层
边坡
滴水层
排水孔
集水槽
基座混凝土　排水沟

石块填充平整，石笼稳固结实

石块填充不平整、不稳固，观感较差

施工步骤 CONSTRUCTION STEPS

测量放线

基础开挖

清理基底

垫层施工

箱体安装

填充石料

平整箱体表面

网盖安装

050　毛石挡土墙施工

砂浆饱满，表面平直，泄水孔，回填夯实

挡墙表面平整干净，砂浆饱满

砂浆不饱满，石块脱落

施工步骤 CONSTRUCTION STEPS

测量放线
↓
基槽开挖
↓
清理、修整、验槽
↓
砌毛石基础
↓
砌梯形毛石挡土墙
↓
伸缩缝设置
↓
预埋泄水孔
↓
毛石挡土墙外侧勾缝
↓
回填夯实

构造参考做法　SCHEMATIC DRAWING

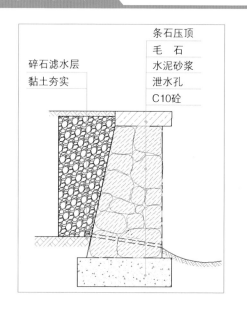

条石压顶
毛　石
水泥砂浆
泄水孔
C10砼

碎石滤水层
黏土夯实

施工要点　MAIN POINTS

① 基槽开挖后，经监理方、设计方验槽合格，满足设计承载力要求后，方可进行挡墙砌筑。

② 基础施工完，弹线放样后，开始铺设块石。铺设前要清理、湿润块石表面。铺设时应该分层错缝铺设，内外搭砌，并按照图纸留好伸缩缝。墙身砌筑时要用拉线辅助找平，控制墙身平顺。块石大面朝下，间隙过大须用小块石和砂浆进行填补。填缝砂浆饱满。每层施工前都需要进行找平、监测，保证墙体顺直连贯。雨天应停止施工，并对已施工完的部位进行保护，如采用塑料薄膜覆盖。

③ 施工时要注意保护墙体后面的碎石滤水层，并按照要求做好泄水孔、截水沟等措施。

④ 挡墙砌出地面后，挡墙背面应同时按照规范要求进行土方分层回填夯实。

参考规范
《砌体结构工程施工质量验收规范》GB 50203-2011

051 砖砌挡土墙施工

砂浆饱满，错缝，排水孔，回填夯实

施工要点 MAIN POINTS

① 土质基槽应保持干燥，雨天应及时排除基槽内的水，受水浸泡的基底土应全部清除，并换好土回填夯实。

② 无论是何种土质，基底都应先浇筑一层砼垫层。

③ 砌筑前，需先清理砌筑区域并用水浇湿。提前1~2天将砖浇水湿润，不得采用干砖或处于吸水饱和状态的砖进行砌筑。禁止使用小于砖体积1/4的碎砖。

④ 水平灰缝砂浆应饱满，厚度应均匀，使砖块受力均匀和结合紧密。砂浆饱满度必须大于80%。竖向灰缝不能出现假缝、透明缝、通缝和瞎缝。错缝搭接长度一般大于60mm。

⑤ 砖墙在砌筑时，转角处和交接处同时砌筑，对不能同时砌筑而又必须留置的临时间断处，应砌成斜槎，斜槎水平投影长度不可小于高度的2/3。

⑥ 墙体按设计要求预留排水孔，背后设置碎石滤水层。墙体背后按规范要求进行土方分层回填夯实。

参考规范
《砌体结构工程施工质量验收规范》GB 50203-2011

构造参考做法 SCHEMATIC DRAWING

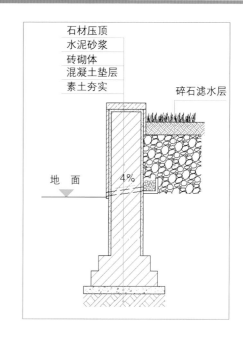

石材压顶
水泥砂浆
砖砌体
混凝土垫层
素土夯实
碎石滤水层
地面
4%

砖砌体灰缝饱满

砖砌挡墙砌筑

施工步骤 CONSTRUCTION STEPS

测量放线
↓
基槽开挖
↓
清理、修整、验槽
↓
浇筑砼垫层
↓
砌筑施工
↓
质量验收

052 钢筋混凝土挡土墙施工

🔺 排水孔，沉降缝，分层浇筑

混凝土浇筑

模板拆除

构造参考做法 SCHEMATIC DRAWING

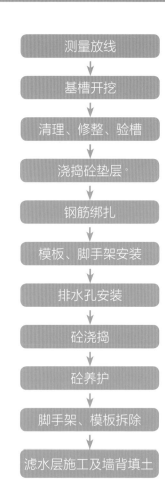

拉结筋
墙面板
横向钢筋
趾板
扶壁
竖向钢筋
混凝土垫层

施 工 要 点 MAIN POINTS

① 挡土墙每隔10~20m设置一道沉降缝，用麻丝沥青填充。墙身与趾板交接处需安装一排排水孔，墙身排水孔呈梅花形布置，间距2~3m，上下交错设置，孔内预埋PVC排水管。墙身与趾板钢筋应按设计和规范要求的长度进行搭接。

② 模板内侧在浇筑砼前应先刷适量的隔离剂，以保证浇筑砼的表面光滑。

③ 浇筑砼时，按一定厚度分层进行浇捣。并用振动棒振动到砼密实为止。密实的标准：砼停止下沉，不再冒出气泡，表面平坦、泛浆。

④ 在进行砼浇筑施工时，需要不间断施工，如需要间断，时间应小于前层砼的初凝时间或能重塑的时间，若间断时间过长，则需要预留施工缝。

⑤ 钢筋在浇筑过程中不可移动，因此在浇捣过程中需要及时检查钢筋保护层厚度及所有预埋件的牢固程度和位置的准确性。

⑥ 墙高超过3.5m时应分两次浇筑，砼的竖向浇筑速度应严格控制在2.5m/h以内。

⑦ 砼浇筑完成后应进行保湿养护。模板拆除需等到砼的抗压能力超过2.5MPa，否则会损伤砼表面。

施工步骤 CONSTRUCTION STEPS

测量放线
↓
基槽开挖
↓
清理、修整、验槽
↓
浇捣砼垫层
↓
钢筋绑扎
↓
模板、脚手架安装
↓
排水孔安装
↓
砼浇捣
↓
砼养护
↓
脚手架、模板拆除
↓
滤水层施工及墙背填土

参考规范

《砌体结构工程施工质量验收规范》GB 50203-2011

053 挡土墙墙身排水

泄水管，反滤层，填充填料

构造参考做法 SCHEMATIC DRAWING

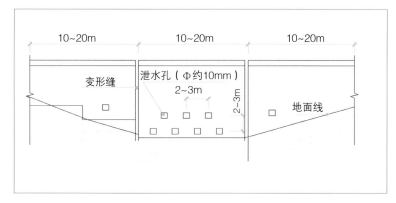

挡土墙泄水孔立面示意

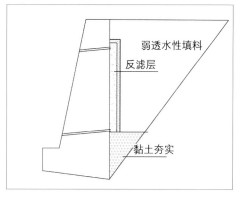

挡土墙反滤层结构示意

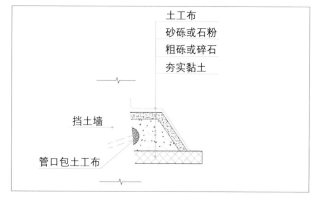

挡土墙反滤包结构示意

施工要点 MAIN POINTS

❶ 挡土墙施工时，应在墙身留泄水口或预埋泄水管。挡土墙回填材料须按照要求逐层回填，分层压实。回填顺序按黏土隔料层、反滤层、透水性填料或弱透水性填料依次进行。

❷ 挡土墙背面底层应素土回填并夯实，夯填高度一般低于底层泄水口，高于趾板面200~250mm。填土层上面预埋设φ100PVC泄水管，间距约2~3m，呈梅花状分布，管口向外倾斜约5%~10%，背后留长50~100mm，用无纺布绑扎，防止填料堵塞管孔。

❸ 挡土墙的上下墙连接处应设泄水管，做法与上述相同。

❹ 在无地下水的地方，泄水管背后用反滤包封堵或用反滤层隔离。反滤层和反滤包做法相同，里面用粒径20mm以上的砾石或碎石填充，外层用透水材料填充，再用无纺布覆盖隔离。地下水丰富的地方，底层泄水管背后要做盲沟，盲沟的填充及隔离方法与反滤包的做法相同，底层以上泄水管同样用反滤包封堵。

❺ 反滤包和反滤层外围用普通填料填充。地下水和地表水丰富的地方，选用透水性好的填料；地下水和地表水很少的地方，选用弱透水性填料。

参考规范
《砌体结构工程施工质量验收规范》GB 50203-2011

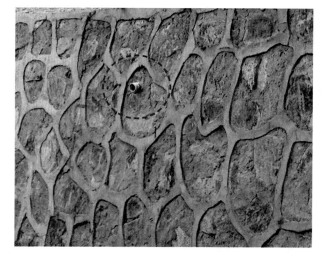

挡墙泄水管

054　挡土墙排水沟排水

🏔 截水沟，盲沟，边沟

构造参考做法　SCHEMATIC DRAWING

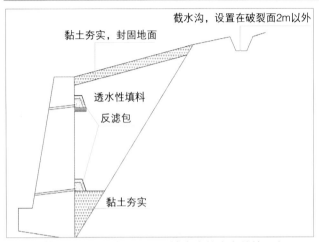

挡土墙截水沟结构示意（适用于地表水较丰富的情况）

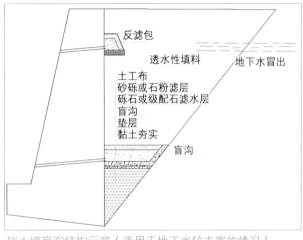

挡土墙盲沟结构示意（适用于地下水较丰富的情况）

砖砌排水沟

施工要点　MAIN POINTS

❶ 截水沟、边沟的位置、断面、尺寸、坡度、标高应符合图纸要求并经监理验收合格。

❷ 若在地表水位高的地方修建挡土墙，在其顶部破裂面2m以外的位置设截水沟。截水沟横断面一般为倒梯形，深度约500mm，底宽约500mm，上口宽约800mm，沟体壁厚约150~200mm，纵向坡度不小于0.2％。具体尺寸根据排水流量调整，断面形状亦可因地制宜。

❸ 若在地下水较丰富的地方修建挡土墙，可在挡土墙背面底层泄水孔下方设排水盲沟，前缘贴紧挡土墙，后缘贴紧破裂面，深度约500mm，宽度根据现场情况调整。通过盲沟，有效疏导积水从泄水孔排出墙外。

❹ 截水沟和盲沟基础宜用渗透性较弱的黏土夯实，沟体施工前先浇一层100mm厚C15素混凝土垫层，再砌筑或浇筑沟体。具体施工做法应遵照设计图纸和规范要求。

❺ 一般土质基础的挡土墙，基础埋深度不小于800mm，墙趾板顶面覆土厚度不小于200mm，冻土区和严寒地带墙趾板的覆土厚度不小于250mm。挡土墙跟部设截水沟时，墙趾板埋深度应增加500mm以上，截水沟应设在趾板表面高度200mm以上。

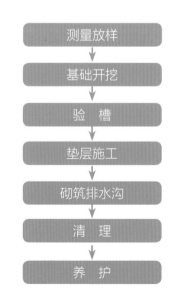

施工步骤　CONSTRUCTION STEPS

测量放样 → 基础开挖 → 验槽 → 垫层施工 → 砌筑排水沟 → 清理 → 养护

7

裸露边坡生态修复工程

SLOPE ECOLOGICAL RESTORATION ENGINEERING

055 人工撒播

种子，基材，混配，人工撒播

坡面修整及土壤改良

草灌木种子（45天）生长情况

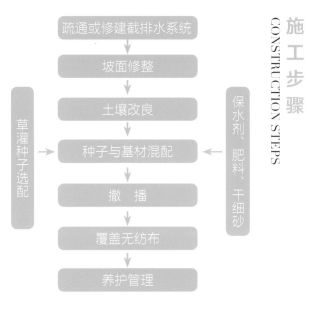

施工步骤 CONSTRUCTION STEPS

疏通或修建截排水系统

↓

坡面修整

↓

土壤改良

↓

草灌种子选配 → 种子与基材混配 ← 保水剂、肥料、干细砂

↓

撒　播

↓

覆盖无纺布

↓

养护管理

施工要点　MAIN POINTS

① 本工艺较常适用于坡度小于30°的坡面。

② 施工前理顺坡面截排水系统，清除坡面浮石、危石，削凸填凹，确保坡面平顺。

③ 选用优质的草灌木种子，在撒播前对种子进行发芽率试验，确定种子基材配方。

④ 根据气候、环境条件可对种子进行适当消毒、浸种和催芽处理，确保种子整齐出土。

⑤ 撒播时边坡土壤应保持湿润，如坡面干燥需喷水保湿。

⑥ 撒播时将种子与保水剂、肥料、干细砂混合，确保撒播后种子均匀分布。

参考规范
《边坡生态防护技术指南》SZDB/Z 31-2010
《园林绿化工程质量验收规范》DB440300/T 29-2006

构造参考做法　SCHEMATIC DRAWING

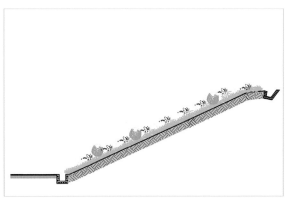

边坡剖面图

056 直接喷播

基材，湿喷机，喷播

施工要点　MAIN POINTS

① 本工艺较常适用于45°以下的土质坡面。

② 施工前理顺坡面截排水系统，清除坡面浮石、危石，削凸填凹，确保坡面平顺。

③ 喷播时边坡土壤应保持湿润，如坡面太干燥需喷水保湿。

④ 用优质的草灌木种子，在喷播前对种子进行发芽率试验，确定种子配方。

⑤ 将配比的草灌木种子、缓释复合肥、黏合

剂等基质材料混入湿喷机进行喷播。

⑥ 喷播作业完工后，即覆盖无纺布保湿并适时浇水养护。

参考规范

《边坡生态防护技术指南》SZDB/Z 31-2010
《园林绿化工程质量验收规范》DB440300/T 29-2006

构造参考做法　SCHEMATIC DRAWING

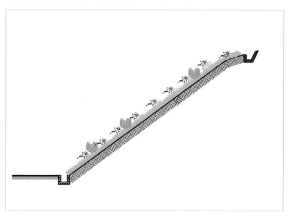

边坡剖面图

坡面修整

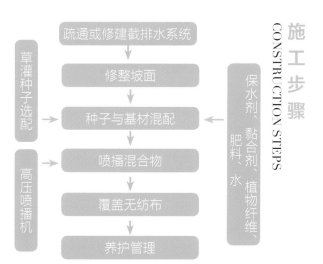

喷播后覆盖无纺布

施工步骤 CONSTRUCTION STEPS

草灌种子选配

高压喷播机

疏通或修建截排水系统
↓
修整坡面
↓
种子与基材混配　←　保水剂、黏合剂、植物纤维、肥料、水
↓
喷播混合物
↓
覆盖无纺布
↓
养护管理

057　不挂网喷混植生

基材配制，搅拌，高压喷播

KP-25SR型客土湿喷机

喷湿机

喷播作业

疏通或修建截排水系统
↓
修整坡面
↓
基质混配　←　搅拌机
↓
喷播基材　←　湿喷机
↓
喷播植物种子　←　高压喷播机
↓
覆盖无纺布
↓
养护管理

施工要点　MAIN POINTS

① 本工艺较常适用于坡度小于45°的土石混合或强风化岩质边坡。

② 施工前理顺坡面截排水系统，清除坡面浮石、危石，削凸填凹，确保坡面平顺。

③ 依据设计目标植物群落要求，选择草灌木种子及基材配制。

④ 坡面操作人员在进行喷播客土作业时需采取相应的安全防护措施。

⑤ 对于较光滑的岩质边坡，设置水平植生带，防止泥浆层下滑。

⑥ 喷播厚度一般为8～12cm，喷播厚度大于12cm的需分两次进行喷播操作。在完成基材喷射施工的坡面，应在12小时内喷播草灌种子。

⑦ 根据基材设计厚度，可分多次进行喷播作业，喷播收尾找平后，即覆盖无纺布保湿养护。

参考规范

《边坡生态防护技术指南》SZDB/Z 31-2010
《园林绿化工程质量验收规范》DB440300/T 29-2006

构造参考做法　SCHEMATIC DRAWING

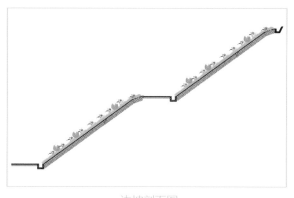

边坡剖面图

058　铺三维网喷混植生　　🌲 铺三维网，U形钉固网

施工要点　MAIN POINTS

① 本工艺适用于45°～55°的母质、土夹石边坡。

② 平整坡面，仔细清除石块、泥块等可能引起三维网被顶起的障碍物，确保在坡面固定的三维网与坡面紧密结合。

③ 将三维网展开从坡顶至坡脚顺坡铺设，在坡面固定时拉紧三维网，并用U形钉固网。网垫在坡顶、坡底两端各留有30cm，坡面顶端应向下弯曲与坡成60°夹角并埋入土中，坡面底端则水平埋入土中。网垫搭接时，搭接长度应大于10cm，搭接处两层网垫应紧密贴实，不留间隙。

④ 铺挂三维网后，采用人工细致回填或客土喷播作业。喷播作业后覆盖无纺布，并适时浇水养护。

参考规范

《边坡生态防护技术指南》SZDB/Z 31-2010
《园林绿化工程质量验收规范》DB440300/T 29-2006

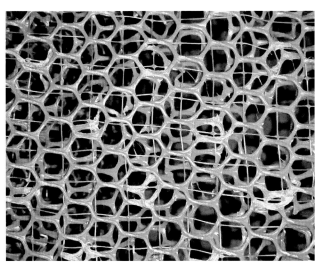

三维网

三维网铺设

施工步骤　CONSTRUCTION STEPS

疏通或修建截排水系统

坡面修整

挂三维网

U形钉固网

喷播客土

喷播植物种子

覆盖无纺布

养护管理

059　挂网喷混植生　挂铁丝网，横向沟，锚钉固网

边坡修整后挂网

挂网锚固作业

施工步骤
CONSTRUCTION STEPS

设置水平沟、植生带

疏通或修建截排水系统
↓
坡面修整
↓
铁丝网锚固
↓
喷播客土　←　湿喷机
↓
喷播草灌混合种子　←　高压喷播机
↓
覆盖无纺布
↓
养护管理

施工要点　MAIN POINTS

① 本工艺较常适用于坡度为50°～65°母质或岩质边坡。

② 坡度大于60°以上设置水平沟槽或水平植生带（间距为40～50cm），确保喷播后坡面稳定。

③ 施工前理顺坡面截排水系统，清除坡面浮石、危石，削凸填凹，确保坡面平顺。

④ 在坡顶处，铁丝网伸出坡顶50～80cm，用锚杆呈"品"字形固定埋于土下。铁丝网搭接处不少于15cm，并用铁丝扎牢，接头拧结，以连成整体网片结构，锚杆和铁丝网之间使用扎丝固定。铁丝应紧贴坡面，距离约为7～10cm；两张网搭接处接网的结以梅花型排列。

喷播作业

作业人员配备安全措施

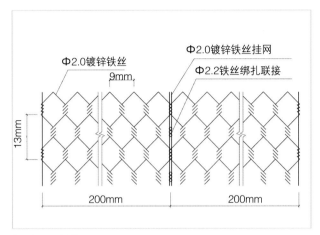

Φ2.0镀锌铁丝　Φ2.0镀锌铁丝挂网　Φ2.2铁丝绑扎联接

9mm
13mm
200mm　200mm

挂铁丝网结构图

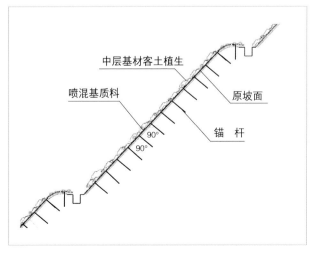

中层基材客土植生
喷混基质料
原坡面
锚杆
90°
90°

边坡剖面图

⑤ 采用锚杆固定铁丝网，钻孔方向与坡面成垂直角，作业完工后将风管孔吹洗干净，将锚杆插入孔中并用水泥砂浆灌注。挂网锚杆按垂直坡面方向安装到孔内固紧，锚杆伸出坡面部分约18cm（弯口向上打，弯头约为5cm），锚杆呈"7"字形。

⑥ 所用镀锌铁丝网规格一般为Φ2mm、网格为65mm×65mm或50mm×50mm。

⑦ 进行喷混植生作业，喷播种子与基质混合物，厚度不小于设计厚度的80%，喷播作业后覆盖无纺布，并适时浇水养护。南方施工季节以3～5月为最佳月。

参考规范

《边坡生态防护技术指南》SZDB/Z 31-2010
《园林绿化工程质量验收规范》DB440300/T 29-2006

060　土工格室喷混植生

土工格室，弯制锚杆

U形栓固定土工格室网

回填种植土作业

施工步骤　CONSTRUCTION STEPS

- 疏通或修建截排水系统
- 坡面修整
- 土工格室铺挂
- 回填种植土
- 喷播草灌混合种子
- 覆盖无纺布
- 养护管理

施工要点　MAIN POINTS

① 本工艺较常适用于坡度在50°～65°之间的母质或土夹石边坡。

② 施工前理顺坡面截排水系统，清除坡面浮石、危石，削凸填凹，确保坡面平顺。

③ 从坡顶至坡脚铺挂土工格，连接时将土工格室组件并齐，将相应的连接塑件对准，先用主锚杆呈"品"字形固定拉开，拉紧土工格室，再用副锚杆按一定的比例固稳。

④ 在坡面上将锚杆放样，并用钻杆钻孔，在钻孔内灌注30号砂浆。

⑤ 弯制锚杆，便于更好地在坡面固定土工格，锚杆表面除锈，涂防锈油漆，露出坡面的锚杆应套内径为Φ25的聚乙烯软塑料管。用油脂充填管内空间，不要密封塑料管。

⑥ 土工格室固定后，用吊车、铲车等配合人工将种植土回填。种植土要从坡顶往下分层（约5～10cm）回填，尽量填满每个格室，浇水让其沉实。每层种植土回填后浇透水再回填第二层。

⑦ 土工格室常与挂网客土喷播相结合使用。

参考规范

《边坡生态防护技术指南》SZDB/Z 31-2010

构造参考做法　SCHEMATIC DRAWING

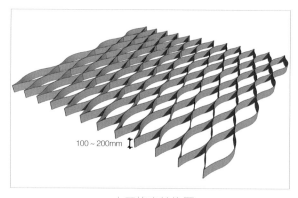

100～200mm

土工格室结构图

061 植生盆（槽）种植

植生盆，植生槽，砌筑

施工要点 MAIN POINTS

① 本工艺较常适用于裂隙和微地形充分发育的岩质边坡。

② 施工前理顺坡面及坡顶截排水系统，清除坡面浮石、危石，削凸填凹，确保坡面平顺。在不妨碍施工的情况下尽量保留坡面残存植物。

③ 在利用微凹地形建造植生盆（槽）时，常用浆砌块石或砖块砌筑，并且直径大于50cm，深度大于50cm。

④ 种植土营养成分：客土、复合肥、泥炭土、保水剂等。

⑤ 灌溉措施一般采用滴灌或人工浇灌等。

⑥ 在难以采用植生盆（槽）绿化的岩质坡面，可采用仿古工艺，增加美观效果。

参考规范

《边坡生态防护技术指南》SZDB/Z 31-2010
《园林绿化工程质量验收规范》DB440300/T 29-2006

构造参考做法 SCHEMATIC DRAWING

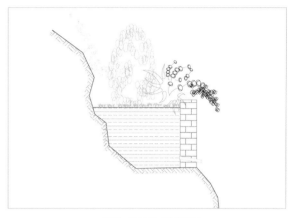

植生盆结构示意图

植生盆（槽）修复前

植生盆（槽）修复后（岩石做仿古工艺）

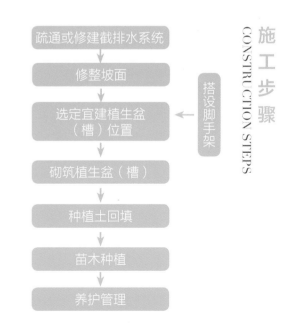

施工步骤 CONSTRUCTION STEPS

疏通或修建截排水系统 → 修整坡面 → 选定宜建植生盆（槽）位置 ← 搭设脚手架 → 砌筑植生盆（槽） → 种植土回填 → 苗木种植 → 养护管理

062 V形槽种植

V形槽，板槽，浇筑，滴灌

搭设脚手架

依坡面起伏地势做飘板绿化

清理危石
↓
脚手架搭设
↓
现浇种植槽板
↓
回填种植土
↓
苗木种植
↓
养护管理

坡顶修筑蓄水池 → 滴灌网管安装 →（苗木种植）

构造参考做法　SCHEMATIC DRAWING

施工要点　MAIN POINTS

① 该工艺较常适用于坡度为65°以上的岩质边坡。

② 在山顶择土层结构或岩石稳定的地方打锚桩，确保锚桩稳定牢固，有足够的抗拉抗弯折力。施工时锚桩位置需有人看守，使用专用安全绳、安全带。从山顶往下清理坡面，严禁在危岩下撬动岩石。当清理比较大的松动危岩时，应用3m长的撬棍（铁棒）从侧面撬动。若几组人员同时施工，尽量保证在同一水平线上开展清坡作业，当不在同一水平线上时，其水平间距必须有5m以上，严禁在同一竖直线上进行清坡。

③ 现浇种植板槽长60cm，厚度60mm，板槽内回填种植土至与板槽外侧水平。

④ 滴管网管安装时，管道用螺栓（膨胀螺栓）固定在岩面上，横向滴管每隔50cm钻孔，安装时孔面朝斜向坡壁。

参考规范

《边坡生态防护技术指南》SZDB/Z 31-2010
《园林绿化工程质量验收规范》DB440300/T 29-2006

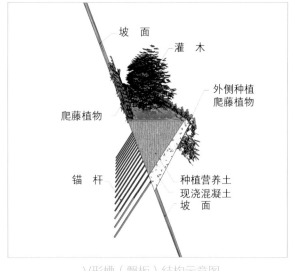

坡面
灌木
爬藤植物
外侧种植爬藤植物
锚杆
种植营养土
现浇混凝土坡面

V形槽（飘板）结构示意图

063 植生袋种植

🌲 植生袋，码砌，三角扣锁

施工要点 MAIN POINTS

① 本工艺通常适用于水库、渠道边坡或者坡度较陡的岩质边坡。

② 施工前理顺坡面截排水系统，清除坡面浮石、危石，削凸填凹，确保坡面平顺。

③ 植生袋码砌时底部要求平实，袋子的缝线边朝同侧向内摆放，码砌时拍平植生袋，并留出3~5cm空隙，以保证压实后的植生袋首尾相接，码砌时采用三角内扣锁固稳呈"品"字形。

④ 植生袋与坡面的空隙采用种植土回填时，需人工夯实，且每层夯实厚度不大于20cm，收工时需把当天码砌的植生袋浇湿使其自然沉降，确保码砌植生袋的后期稳定。

⑤ 植生袋绿化采用人工打孔种植袋苗或挂网客土喷播等覆绿措施。

⑥ 若边坡坡度大于75°，在码砌植生袋后增设柔性防护网，加强安全防护。

参考规范
《边坡生态防护技术指南》SZDB/Z 31-2010

构造参考做法 SCHEMATIC DRAWING

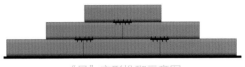
"品"字形堆砌示意图

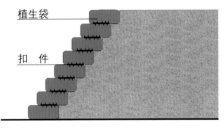
植生袋码砌示意图

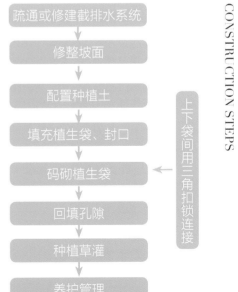

施工步骤 CONSTRUCTION STEPS

疏通或修建截排水系统
↓
修整坡面
↓
配置种植土
↓
填充植生袋、封口
↓
码砌植生袋 ← 上下袋间用三角扣锁连接
↓
回填孔隙
↓
种植草灌
↓
养护管理

植生袋码砌

植生袋码砌后加设柔性网

064　挂笼砖种植　笼砖，压制砖坯，固定螺杆

笼砖成品

挂笼砖作业

施工步骤　CONSTRUCTION STEPS

配制基质 → 压制成砖坯 → 播种 → 养护成坪

疏通或修建截排水系统 → 修整边坡 → 放　线 → 钻　孔 → 固定螺杆 → 挂装笼砖 → 笼砖固定 → 养护管理

滴灌网管安装

施工要点　MAIN POINTS

① 适用于75°以上的岩质边坡。在坡体渗水或涌水较多的坡面，需设置扁圆石笼、台阶状石笼稳定坡脚，防止坡体崩塌或滑坡。挂笼砖施工前，清除地表浮石、杂草，疏松并平整坡面土体。

② 砖坯采用特制的长效营养土，搅拌后再压制。砖笼常采用过塑镀锌铁丝网，直径约2.2mm。

③ 安装笼砖前，先用少量搅拌过的营养黄泥垫在笼位底部，阻挡径流冲刷力，保水抗旱，便于植物根系附着在石壁并扎入岩缝中。

④ 施工前，对石笼组装定形，在整理好的土体上或开挖好的基坑上开始铺设，砌垒成护坡式箱笼挡土墙。

⑤ 安装笼砖时，在岩质边坡上从坡顶到坡脚用电钻垂直于坡面打孔。用水泥将Φ12mm长15～20cm的镀锌螺杆固定，以留出少部分作悬挂时使用。笼砖安装前用少量搅拌过的营养黄泥垫在笼位底部，安装时由下至上靠紧，挂好后用螺母、介子固定。根据不同的地形条件，挂笼砖时可采用条形法、梅花形法、多角形法等形式。

⑥ 抓好植物生长期，利用草发达的絮状根系，加强砖坯固土和防雨水冲刷作用，并配备满足中长期绿化的植物，悬挂完后需长期养护。

参考规范

《边坡生态防护技术指南》SZDB/Z 31-2010

《园林绿化工程质量验收规范》DB440300/T 29-2006

构造参考做法　SCHEMATIC DRAWING

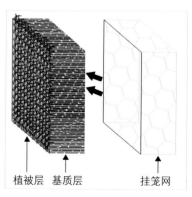

植被层　基质层　　　挂笼网

笼砖结构示意图

8 垂直绿化工程

VERTICAL GREENING

065　模块式垂直绿化施工

模块，预处理，钢结构，模块预培，滴灌系统

施工步骤
CONSTRUCTION STEPS

墙面预处理 → 钢结构安装 → 滴灌系统安装 → 模块悬挂 → 设备调试 → 系统维护

基质配置 → 植物栽植 → 模块预培

墙面预处理

钢结构安装

滴灌系统安装

模块悬挂

构造参考做法　SCHEMATIC DRAWING

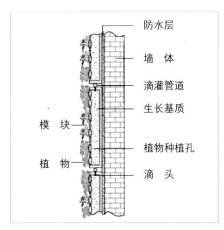

防水层
墙　体
滴灌管道
生长基质
植物种植孔
滴　头
模　块
植　物

模块式垂直绿化纵剖面示意图

施工要点　MAIN POINTS

① 本工艺适于承重为100～150 kg/m² 的承重结构；对于土工布材料的模块式产品，适于侧面承重为70～100 kg/m² 的承重结构。

② 种植墙面宜采用涂膜防水，防水层厚度须达到1mm以上，应符合GB 50345-2012《屋面工程技术规范》要求的Ⅱ级防水标准。

③ 排水做到统一收集、统一排放，安装完毕后应进行防渗漏试验。

④ 钢结构安装包括主龙骨和走轨，主龙骨间距一般为1.5m，走轨采用角钢。按照GB 50205-2001《钢结构工程施工质量验收规范》逐一检查钢结构焊接工程、钢构件组装工程、钢结构零部件加工工程和隐蔽工程等。

⑤ 根据模块位置，在模块顶端中部位置的滴灌管上打孔并安装滴箭，将滴箭完全插入模块，保证水肥通过滴箭直接且均匀送至每个模块。滴灌系统安装完毕之后须进行水压试验以及检查调试，确保滴灌各分支管畅通。

基质配置

植物栽植

模块预培

现场调试（左下图：智能控制系统）

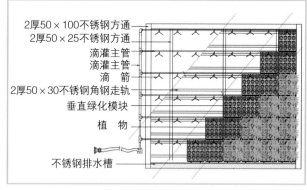

2厚50×100不锈钢方通
2厚50×25不锈钢方通
滴灌主管
滴灌主管
滴 箭
2厚50×30不锈钢角钢走轨
垂直绿化模块
植 物

不锈钢排水槽

模块式垂直绿化示意图

⑥ 按图纸从下往上依次悬挂模块，保证模块后部4个扣件完全扣合在角钢上，保证模块左右间距2cm左右。

⑦ 基质配比为珍珠岩：陶粒：椰糠＝1：1：2。搅拌基质的过程中均匀喷洒1000倍多菌灵溶液，加水保持基质湿度在55%左右。

⑧ 种植前对植物根系适当修剪，种植密度以刚好覆盖模块为宜，忌种植过深、过紧或用力过猛。

⑨ 种植完立即浇定根水，植物生长稳定后，将模块按箭头标示端朝上与地面呈45°角放置1周以上，保证植物生长方向一致。

⑩ 根据现场环境调整灌溉时间，持续观察一段时间后，确定灌溉时间。若室内墙面所处的最低处的自然光强度小于600 Lx时，应安装补光系统，用全光谱LED植物生长灯。依据植物光线及景观效果需求，调整补光灯照明时间、照射角度等。

⑪ 定期对垂直绿化系统尤其是滴灌的植物进行维护和养护，保证植物覆盖度和成活率达到95%以上。

参考规范

《垂直绿化技术规程》DBJ 08-1975-1998
《模块式垂直绿化生态墙面》Q/TH 002-2015
《钢结构工程施工质量验收规范》GB 50205-2001

066 PVC管式垂直绿化施工

PVC管，种植管，钢结构，滴灌系统

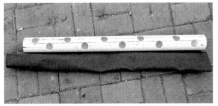

种植管制作

滴灌系统安装

种植管安装

施工后效果

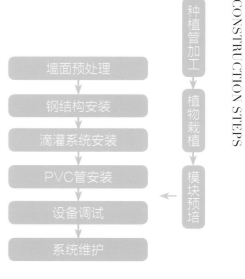

施工步骤 CONSTRUCTION STEPS

种植管加工 → 植物栽植 → 模块预培

墙面预处理

钢结构安装

滴灌系统安装

PVC管安装

设备调试

系统维护

施工要点　MAIN POINTS

① 本工艺适用于承重为70~100 kg/m² 的承重结构。

② 种植墙面宜采用涂膜防水，防水层厚度须达到1mm以上，应符合GB 50345-2012《屋面工程技术规范》要求的II级防水标准。

③ 种植管上按间距7cm打孔，孔径3.5cm，加工种植孔。

④ 钢结构安装：根据管的直径大小，于顶部和底部安装固定钢卡槽。

⑤ 滴灌系统安装：将滴灌管穿过管顶部事先打好的孔洞中，然后于孔中心位置在管上安装滴头。

⑥ 其它施工要点与模块式垂直绿化施工要点类似。

构造参考做法　SCHEMATIC DRAWING

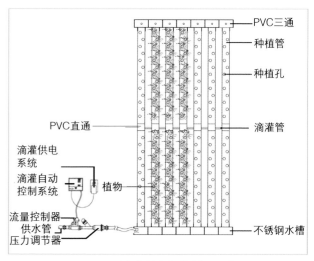

PVC三通
种植管
种植孔
PVC直通
滴灌管
滴灌供电系统
滴灌自动控制系统
植物
流量控制器
供水管
压力调节器
不锈钢水槽

PVC管式垂直绿化剖面示意图

067 柱式垂直绿化施工

吊柱，立柱，钢筋笼，蓄水盆，滴灌系统

施工要点 MAIN POINTS

① 本工艺对承重要求高，单节钢笼（H50cm，Φ80cm）重量达到100kg左右。

② 可在墙顶安装固定装置制作成悬吊式垂直绿化立柱或者在地面安装固定装置制作成立地式垂直绿化立柱，可实现360°全方位绿化。

③ 滴灌系统安装时隐藏于钢笼圆环柱体内

部，底部安装蓄水盆。

④ 不锈钢钢笼是该工艺的核心结构，一个完整的不锈钢钢笼由两个半圆环柱体钢笼拼合而成，内设有种植槽，槽外可种植植物。

⑤ 其它施工要点与模块式垂直绿化施工要点类似。

构造参考做法 SCHEMATIC DRAWING

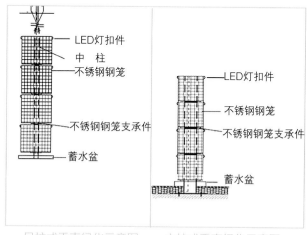

吊柱式垂直绿化示意图　　立柱式垂直绿化示意图

钢笼植物预培

钢笼安装

设备调试

施工后效果

施工步骤 CONSTRUCTION STEPS

钢笼组装 → 植物栽植 → 钢笼预培 →

柱体安装 → 蓄水盆安装 → 滴灌系统安装 → 钢笼安装 → 设备调试 → 系统维护

068　铺贴式垂直绿化施工

铺贴式，种植毯，PVC板，滴灌系统

墙面预处理　　钢结构安装　　PVC板固定　　种植毯铺设

植块划分　　现场栽植　　施工后效果

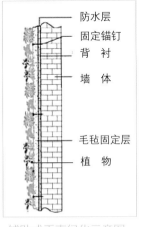

构造参考做法　SCHEMATIC DRAWING

防水层
固定锚钉
背衬
墙体
毛毡固定层
植物

铺贴式垂直绿化示意图

施工要点　MAIN POINTS

① 本工艺对承重要求不高，承重50~60 kg/m²，适用范围广。

② PVC种植板固定：用手电钻和外六角自攻螺丝钉将PVC发泡板固定在事先做好的钢结构上，两个固定点间距为40cm，完成固定后对固定连接处进行防水处理。

③ 推荐使用微渗管，将PE滴灌管内藏在种植毯的左侧或右侧，在种植毯顶端将微渗管和PE滴灌管连接，隐蔽在种植毯内侧。根据水压调节微渗

的密度，3m以下高度的绿墙，需在绿墙顶端设置一条微渗管，顶端微渗管以外的微渗管连接口需连接旁通开关，安装完毕后通水调试；3m以上高度的绿墙按每隔3m设一条微滴管。

④ 植物种植时在第一层种植毯上开"一"字形开口，种植口成"品"字形排列；取出的带根际土的植物塞至种植毯内，切忌用力过猛，可适当修剪植物根系确保植物根部能塞进种植口中。

⑤ 其它与模块式垂直绿化施工要点类似。

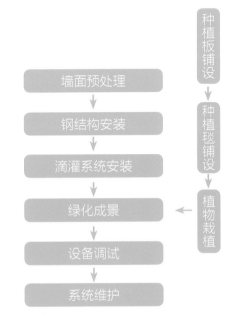

施工步骤　CONSTRUCTION STEPS

墙面预处理
↓
钢结构安装
↓
滴灌系统安装
↓
绿化成景
↓
设备调试
↓
系统维护

种植板铺设
↓
种植毯铺设
↓
植物栽植

069 槽式垂直绿化施工

种植槽，钢结构，滴灌系统

施工要点 MAIN POINTS

① 本工艺适用于承重为50~70kg/m²的承重结构。

② 支撑结构由200mm×50mm镀锌方通和30mm×30mm角铁构成，种植毯两端用镀锌管穿插制成种植槽，支撑结构安装完毕后，悬挂种植槽。

③ 采用滴灌或微渗灌溉均可，一般2~3m布置一条滴灌或微渗管，也可在顶部安装雨水收集面板。

④ 其它与模块式垂直绿化施工要点类似。

构造参考做法 SCHEMATIC DRAWING

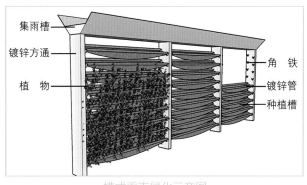

集雨槽
镀锌方通
植 物
角 铁
镀锌管
种植槽

槽式垂直绿化示意图

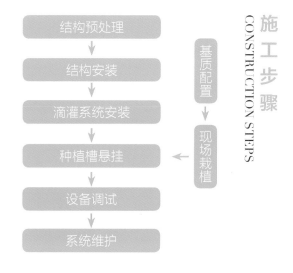

施工步骤 CONSTRUCTION STEPS

结构预处理
↓
结构安装
↓
滴灌系统安装
↓
种植槽悬挂
↓
设备调试
↓
系统维护

基质配置
↓
现场栽植

地基加固

钢结构安装

U形槽悬挂

现场栽植

施工后效果

070 口袋式垂直绿化施工

口袋，预处理，黏结安装，纲结构，滴灌系统

墙面预处理

PVC板铺设

种植毯铺设

黏结安装施工后效果

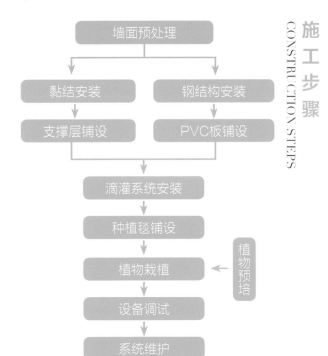

施工步骤　CONSTRUCTION STEPS

施工要点　MAIN POINTS

① 本工艺对结构的承重要求不高，适用范围广。

② 结构施工分为有钢结构和无钢结构两种工艺，具体选用实施取决于现场墙体结构。钢结构钻孔起不到固定支撑作用的墙体，比如空心墙、纸质石膏板隔墙等，采用无钢结构工艺，承重要求在 $20\sim30kg/m^2$。混凝土砖墙等能满足钢结构钻孔固定支撑作用，建议采用有钢结构施工工艺，承重要求在 $50\sim60kg/m^2$。

③ 一般使用吸水性强的超细纤维材料制成种植布料，种植毯上的多个口袋呈品字形排列，袋子间距上下、左右各间隔2cm。种植袋大小约为 $10cm\times5cm$，用于预培植物，现场栽植时将预培好的种植袋直接塞入种植毯上的口袋。

④ 通过黏结剂黏合发泡板和魔术贴勾面的材料，实现无钢结构工艺的支撑功能；通过安装顶爆螺栓连接PVC板和钢结构，实现有钢结构工艺的承重功能。

墙面预处理　　　　　　钢结构安装　　　　　　种植毯铺设　　　　　　植物栽植　　　　　　钢结构施工后效果

构造参考做法　SCHEMATIC DRAWING

⑤ 推荐使用微渗管灌溉，PE滴灌管应隐蔽在种植毯两侧，在种植毯顶端将微渗管和PE滴灌管连接起来并隐蔽在种植毯内侧，每隔3m布置一条微渗管，顶端微渗管以外的微渗管连接口需连接旁通开关。

⑥ 若采用有机基质种植，为了避免根系损伤，取苗时根系土保留；如采用水苔种植，水苔需浸泡2小时以上才可使用，取苗后应用水清洗，将根系土去除。

⑦ 其它与模块式垂直绿化施工要点类似。

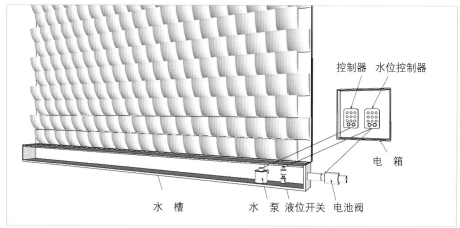

口袋式垂直绿化示意图

071　容器式垂直绿化施工

容器，钢结构，滴灌系统

墙面预处理　　　　　　钢结构安装　　　　　　现场栽植　　　　　　容器悬挂　　　　　　施工后效果

施工要点　MAIN POINTS

① 本工艺适用于承重为100～150kg/m²的承重结构。

② 采用滴灌或微渗灌溉，布管方式根据容器结构而定，一般容器顶部布置一条，通过容器的蓄排水功能，实现整体容器系统均匀持续供水。

③ 其它与模块式垂直绿化施工要点类似。

构造参考做法　SCHEMATIC DRAWING

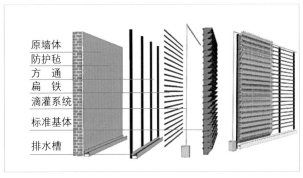

原墙体
防护毡
方通
扁铁
滴灌系统
标准基体
排水槽

容器式垂直绿化示意图

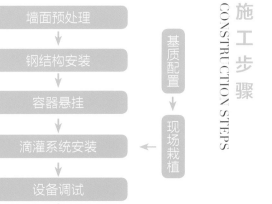

施工步骤 CONSTRUCTION STEPS

墙面预处理
↓
钢结构安装
↓
容器悬挂
↓
滴灌系统安装
↓
设备调试
↓
系统维护

基质配置

现场栽植

072 立交桥垂直绿化施工

立交桥，支撑钢结构，植物，滴灌系统

施工要点 MAIN POINTS

① 本工艺适用于承重为50～150kg/m²的承重结构，不同工艺承重要求不一样，应用范围广。

② 立交桥可绿化部位有桥台、桥柱、桥体防护栏、桥体中央分隔带。桥台、桥柱可应用传统牵引式垂直绿化，也可采用其它垂直绿化形式。桥体防护栏、桥体中央分隔带一般采用容器式垂直绿化形式。

③ 为避免对桥体结构的破坏，采用的工艺一般增设支撑钢结构，与桥体分隔开来。为预留足够的空间用于后期桥体检修，施工中需及时与相关部门联系，确定预留宽度。

④ 桥体绿化应根据桥体两侧的栽植槽或栽植带的宽度选择植物，当宽度小于60cm，深度小于15cm时，栽植抗旱性强的攀援或悬垂植物，如簕杜鹃等；当宽度大于60cm，深度大于30cm时，还可栽植常绿小灌木。桥柱绿化应选择栽植抗旱性强且攀爬能力强的攀援植物，如爬山虎。

参考规范

《园林绿化工程施工及验收规范》CJJ 82-2012
《立交桥悬挂绿化技术规范》DB440300/T 18-2001

构造参考做法 SCHEMATIC DRAWING

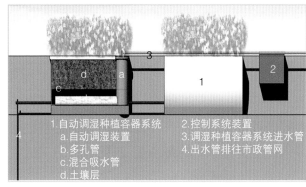

1.自动调湿种植容器系统　　2.控制系统装置
　a.自动调湿装置　　　　　3.调湿种植容器系统进水管
　b.多孔管　　　　　　　　4.出水管排往市政管网
　c.混合吸水管
　d.土壤层

立交桥垂直绿化示意图

牵引式垂直绿化　　　　　　　　　　容器式垂直绿化

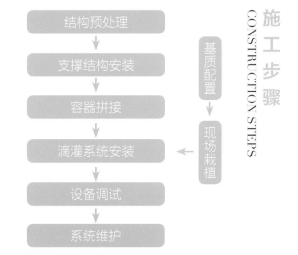

施工步骤 CONSTRUCTION STEPS

结构预处理
↓
支撑结构安装
↓
容器拼接
↓
滴灌系统安装
↓
设备调试
↓
系统维护

基质配置
↓
现场栽植

屋顶绿化工程

ROOF GREENING

9

073 组合式屋顶绿化施工

组合式，容器，屋顶绿化

施工要点 MAIN POINTS

① 建筑荷载的要求介于草坪式屋顶绿化与花园式屋顶绿化之间。

② 根据功能要求、种植植物选择容器形式、规格及荷重。容器须具排水、蓄水、阻根和过滤功能，高度不应小于10 cm。容器下设置水泥砂浆保护层。

③ 植物宜选用健康苗木，乡土植物不宜少于70%；地被植物宜选用多年生草本植物和覆盖能力强的木本植物。

④ 容器种植的土层厚度不宜小于10 cm，须满足植物生存的营养需求。

⑤ 容器种植的基层应按现行国家标准《屋面工程技术规范》（GB 50345-2012）中一级防水等级要求施工。

⑥ 种植容器应避开水落口、檐沟等部位，不得放置在女儿墙和檐口部位。

⑦ 病虫害防治应采用对环境无污染的物理防治、生物防治、环保型农药防治等措施。

⑧ 其它与草坪式屋顶绿化施工要求类似。

构造参考做法 SCHEMATIC DRAWING

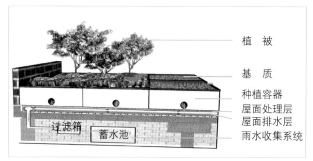

- 植 被
- 基 质
- 种植容器
- 屋面处理层
- 屋面排水层
- 雨水收集系统

过滤箱　蓄水池

组合式屋顶绿化示意图

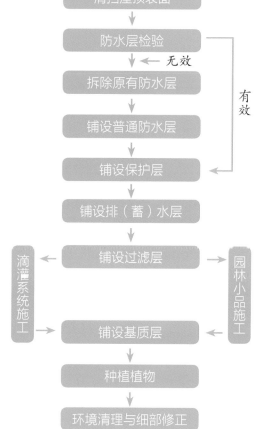

清扫屋顶表面 → 防水层检验 →（无效）拆除原有防水层 → 铺设普通防水层 → 铺设保护层 →（有效）铺设排（蓄）水层 → 铺设过滤层 → 铺设基质层 → 种植植物 → 环境清理与细部修正

滴灌系统施工

园林小品施工

模块拼接

基质铺设

种植效果

参考规范

《种植屋面工程技术规程》JGJ 155-2013
《屋面工程技术规范》GB 50345-2012

074　草坪式屋顶绿化施工

草坪式，屋顶绿化

施工步骤　CONSTRUCTION STEPS

- 清扫屋顶表面
- 铺设保温隔热层
- 铺设找平（坡）层
- 铺设普通防水层
- 蓄水或淋水试验
- 铺设耐根穿刺防水层
- 铺设保护层
- 铺设排（蓄）水层
- 铺设基质层
- 种植植物
- 环境清理与细部修正

屋面处理

铺设防水层

铺设阻根层

施工要点　MAIN POINTS

① 在做种植屋面的工程结构设计时应计算种植荷载。若为既有建筑屋顶改造成种植屋顶，应先对原结构进行鉴定。建筑荷载≥1.0 kN/m²，可进行草坪式屋顶绿化，且应纳入屋顶结构永久荷载。

② 保温隔热层、找平层、普通防水层、耐根穿刺防水层、排(蓄)水层、过滤层的施工应遵循现行国家规范。

③ 若种植屋面的坡度大于20%，绝热层、防水层、排（蓄）水层、种植土层等均应采取防滑措施，且施工时应注意人员安全。

④ 种植屋面防水层采用不少于两道防水设防，两道防水层相邻铺设且防水层的材料应相容。上道应为耐根穿刺防水层，且应设置保护层，简单式种植宜采用体积比1：3、15~20mm厚的水泥砂浆作为保护层。

⑤ 铺设防水材料应向建筑侧墙面延伸，且高于基质表层15 cm以上。

⑥ 在耐根穿刺防水层施工完成后，应进行一次48小时的蓄水检验，坡屋面应进行持续淋水3小时的检验，确保防水工程质量。

铺设过滤层

铺设基质层

铺设植被层

⑦ 种植平屋面的排水坡度宜大于2%；天沟、檐沟的排水坡度宜大于1%。

⑧ 草坪或地被类植物的种植土厚度在10cm以上。进场植物宜在6小时以内栽植完毕，没有及时栽植的植物应采取喷水保湿或假植措施。

⑨ 种植屋面工程应建立绿化管理、植物保养制度。屋面排水系统应保持畅通，挡墙排水孔、水落口、天沟和檐沟不得堵塞。

⑩ 定期观测土壤含水量，并根据墒情及时补充水分。根据不同季节和植物生长周期，及时测定土壤肥力。定期检查排水系统。定期修剪，控制高度。

参考规范

《种植屋面工程技术规程》JGJ 155-2013
《屋面工程技术规范》GB 50345-2012

构造参考做法 SCHEMATIC DRAWING

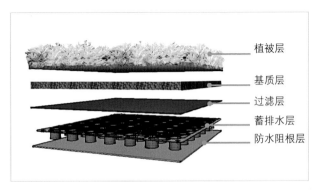

植被层
基质层
过滤层
蓄排水层
防水阻根层

草坪式屋顶绿化示意图

075 花园式屋顶绿化施工

荷载，防风固定，花园式，屋顶绿化

植物生长良好

植物生长不良

施工步骤 CONSTRUCTION STEPS

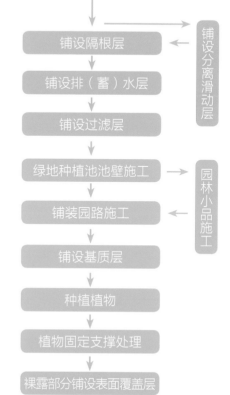

```
清扫屋顶表面
    ↓
蓄水试验和防水          验收基层
找平层质量验收             ↓
                  蓄水试验证明有大
                  面积屋顶漏水
                      ↓
                  二次防水处理
刚性防水层或柔性    蓄水试验证明无大
防水加刚性保护层    积屋顶漏水，可进行
表面              局部修补
                      ↓
                  铺设隔根层 ←─ 铺设分离滑动层
                      ↓
                  铺设排（蓄）水层
                      ↓
                  铺设过滤层
                      ↓
                  绿地种植池池壁施工 →
                      ↓              园林
                  铺装园路施工 ←─   小品施工
                      ↓
                  铺设基质层
                      ↓
                  种植植物
                      ↓
                  植物固定支撑处理
                      ↓
                  裸露部分铺设表面覆盖层
```

施工要点 MAIN POINTS

❶ 建筑屋顶荷载≥3.0 kN/m²，可进行花园式屋顶绿化，且应纳入屋面结构永久荷载。

❷ 种植高于2 m的植物应采用防风固定技术，包括地上支撑法和地下固定法。

❸ 过滤层宜采用双层材料卷成的卷状材料且须与蓄（排）水层配合使用，搭接宽度不应小于150 mm。

❹ 应选择易移植、耐修剪、耐粗放管理、生长缓慢、抗风、耐旱、耐高温、抗污性强的植物。以低矮灌木、草坪、地被植物和攀援植物等为主，不宜选用速生乔木、灌木植物。

❺ 花园式屋面种植的布局应与屋面结构相适应，乔木类植物和亭台、水池、假山等荷载较大的设施，应设在承重墙或柱的位置。

❻ 乔木、灌木的成活率应达到95%以上；地被植物种植地应无杂草、无病虫害，植物无枯黄，

种植成活率应达到95%以上；草坪覆盖率应达到100%，绿地整洁，无杂物，表面平整。

❼ 其它与草坪式屋顶绿化施工要点类似。

参考规范
《种植屋面工程技术规程》CJJ 82-2012

构造参考做法 SCHEMATIC DRAWING

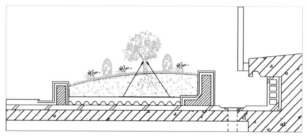

花园式屋顶绿化示意图

10

土壤改良及修复工程

SOIL IMPROVEMENT AND RESTORATION ENGINEERING

076 重金属土壤修复原位固化、稳定化技术

☘ 污染土壤，固化，稳定化

施工要点　MAIN POINTS

① 本修复工艺主要适用于含重金属（类金属）废渣、污染土壤、污泥、底泥及飞灰等固体废物处理处置。

② 根据场地地形、场地污染分布深度及程度等条件进行划分。

③ 先将污染土壤翻松，翻至场地调查要求指定深度，然后采用推土机大致平整。

④ 铺撒粉末状药剂、洒水，如果是挖机挖斗搅拌施工，浇水应浇透，如果是采用allu筛分头施工，洒水湿润药剂即可，筛分混合之后再浇水浇透。

⑤ 搅拌反应均匀后，养护周期为7～14天。

⑥ 根据要求进行取样检测，一般采集边角样、表层样、中部剖面样、底部剖面样等。

⑦ 挖掘机搅拌效果不好时，土壤团块可能没打碎，无法稳定团块内部污染因子，此时需再搅拌或筛分，使药剂与污染土壤混合均匀。

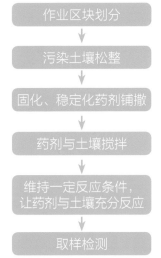

施工步骤　CONSTRUCTION STEPS

作业区块划分
↓
污染土壤松整
↓
固化、稳定化药剂铺撒
↓
药剂与土壤搅拌
↓
维持一定反应条件，让药剂与土壤充分反应
↓
取样检测

摆放准备铺撒的固化、稳定化药剂

把药剂与污染土壤搅拌均匀

构造参考做法　SCHEMATIC DRAWING

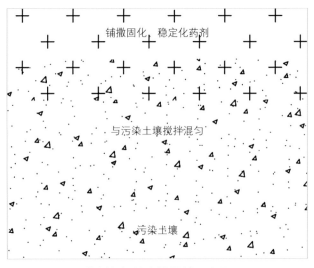

铺撒固化、稳定化药剂

与污染土壤搅拌混匀

污染土壤

药剂与污染土壤混拌示意图

077 重金属土壤修复阻隔覆盖技术

 阻隔防渗层，覆盖阻隔层

底部防渗阻隔层铺设

覆盖阻隔层铺设、植物种植

施工步骤 CONSTRUCTION STEPS

污染阻隔区域划定
↓
底部防渗阻隔层铺设
↓
污染土壤集中填埋
↓
覆盖阻隔层铺设
↓
植物种植

构造参考做法 SCHEMATIC DRAWING

施工要点 MAIN POINTS

① 本技术主要应用于体量大、环境风险高、可填埋处理的项目治理。处理对象可以是重金属、有机物、放射性物质等。但该技术不适宜应用于地质条件不良区域。处理对象可以是尾矿库或者尾砂堆等。

② 土壤覆盖阻隔系统一般由多层组合而成，如砂层、人工合成材料衬层、黏土覆盖层等。

③ 底部阻隔材料的渗透系数一般不能大于$10～7cm/s$，如若大于$10～7cm/s$时应构筑天然或人工材料的防渗层，阻隔材料要拥有非常高的抗性，如抗老化、抗腐蚀性等。阻隔材料铺设应连续均匀，以保障阻隔系统无渗透现象。阻隔防渗HDPE膜主要采用1.5mm与2.0mm厚度产品，中期覆盖一般采用0.75mm、1.0mm、1.5mm HDPE膜。

④ 防渗膜底垫层一般至少分为下层碎石层和上层黏土层，厚度视设计要求，通常150～300mm，碎石铺设后再铺设黏土，然后进行密实碾压，防渗膜采用焊连搭接。

⑤ 贮存、处置场及其周边都应该铺设导流渠系统，防止雨水径流至场内，增加渗滤液量，造成滑坡等危害。

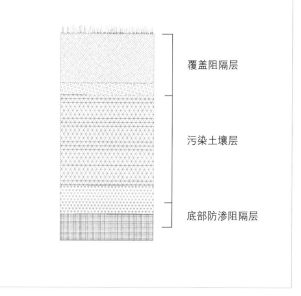

覆盖阻隔层

污染土壤层

底部防渗阻隔层

阻隔覆盖技术示意图

078　盐碱地排盐管安装

🏔 高程控制，管沟，排盐管

施工要点　MAIN POINTS

❶ 根据图纸要求进行地形整理，确保需排碱场地的压实度及平整度。测量出排盐管的起止端点和高程，确定开挖管沟深度和排盐管间距，一般间隔30~50m，再撒白灰放线。

❷ 根据场地实际情况复核管沟底标高是否满足设计值，有偏差则人工进行修整。管沟开挖产生的土方均匀摊铺在管沟两侧，同时清理沟槽内的积水、烂泥等。

❸ 安装排盐管前先在管沟底部铺设一层中砂并人工压实，避免中砂压实度不够造成排盐管下沉，影响排水。排盐管高程根据图纸要求设置，无设计要求的排盐管坡度均为0.1%，确保排盐管排水顺畅，最后回填中砂。

❹ 排盐管外面需打孔，外缠2层无纺布，管道起始端外缠3层无纺布，用钢丝绑扎结实；连接处按设计注明加设检查井外，均采用三通、四通或弯头等管件连接。

❺ 排盐井采用圆形砖砌结构，分层抹灰。在排盐管安装过程中砌筑，避免先砌井再凿洞安装管道，避免后期封堵凿洞不严而引起漏水。

❻ 排盐管不得高于隔盐层。排盐管网无法自然排入时，设置强排设施。排盐管终端与市政雨水管道相连接。

参考规范

《园林绿化工程施工及验收规范》CJJ 82-2012

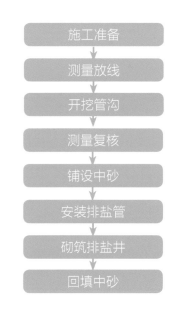

施工步骤　CONSTRUCTION STEPS

施工准备 → 测量放线 → 开挖管沟 → 测量复核 → 铺设中砂 → 安装排盐管 → 砌筑排盐井 → 回填中砂

管沟开挖

管道底部铺砂

排盐管布管

三通连接

排盐井砌筑

079 盐碱地隔盐处理

 摊铺碎石，防渗，隔盐

人工配合机械摊铺碎石

铺设两层草帘

回填种植土

施工要点 MAIN POINTS

① 地形整理后埋设排盐管，在穴内铺设防渗膜，隔离客土层与碱土层，防渗膜与隔盐层紧密结合，顶部高出绿地表面约50cm，为防止回填种植土时防渗膜滑动，四周用石块压住。防渗膜搭接尺寸约1m，如遇到管线或检查井等，须用防渗膜缠绕进行隔离。

② 摊铺碎石材料，就地取材选用直径约为1~2cm的石子、中砂、炉渣、卵石等。

③ 装载机装车材料从场地内侧开始，逐渐向外侧施工。人工配合挖掘机摊铺，摊铺厚度一般为20~30cm。铺设后禁止大型机械和车辆进入施工场地，以免将隔盐层与底部碱土碾压在一起，

减弱隔离效果。

④ 碎石层铺设时，设2%~3%的排水坡度，排水流向排盐管、排盐盲沟方向。

⑤ 碎石层上采用上下两层压中铺设的方式铺设草帘、作物秸秆或土工布等，隔离盐土层与客土层，两层压实后厚度不得小于4cm。

⑥ 隔盐层必须设在地下水位以上，否则起不到隔盐的效果。

参考规范

《园林绿化工程施工及验收规范》CJJ 82-2012

施工步骤 CONSTRUCTION STEPS

地形整理
↓
铺设防渗膜
↓
摊铺隔盐层材料
↓
铺设草帘
↓
回填种植土

080　重黏土改良　检测土质，翻耕，客土

施工要点　MAIN POINTS

① 现场踏勘检测原有土壤土质，确定土壤板结原因及各区土壤肥力情况。根据种植说明提出相应的土质改良措施。

② 改良前土质为黏重土且排水不良，根据设计标高平整场地、放坡，再用挖土机翻松，捣碎较大土块，确保地形符合设计标高及排水要求。地形粗平后，针对土壤的肥力情况分别转运改良基质，加入砂子、有机肥、草炭土等配比营养土，按顺序堆放。若运输车辆无法直接进入改良场地，采取在装卸点集中装卸、二次倒运的方法。

③ 若改良场地面积较大，为确保改良比例，可先将场地进行5m×5m方格网放线分割，再按顺序堆放改良基质。

④ 摊铺改良基质后用旋耕机适度深耕30cm以上，采用横纵翻耕的方式，改善耕层构造，同时将改良基质与土壤均匀混合。机械不便施工之处，采用人工翻耕。旋耕机旋耕时，在其安全距离内，安排工人跟在机械后方及时清理旋耕出的杂草根、垃圾、石块等。

⑤ 旋耕完后，安排工人细平场地。

参考规范

《园林绿化工程施工及验收规范》CJJ 82-2012

施工步骤　CONSTRUCTION STEPS

确定改良方案
↓
场地清理
↓
场地粗平
↓
摊铺改良基质
↓
合理翻耕
↓
场地细平
↓
开排水沟

均匀布料改良基质

旋耕机混匀、深耕

土壤改良后效果

11

水环境生态修复工程

WATER ENVIRONMENT ECOLOGICAL RESTORATION ENGINEERING

081　人工湿地填料施工

🌲 虚铺厚度，标高复核

施工要点　MAIN POINTS

① 填料施工前复核场地标高并在场内设置标杆，应当保证标杆与底部接触且不能破坏防水层，在标杆上标示不同填料的层面标高，标杆之间的距离不超过15m。

② 前两层填料施工时以翻斗车转运为主，后两层填料施工时，在布水管布设区域使用小型机械，人机配合完成填料转运和回填施工，每个区域内由机械粗平，然后人工精平，严禁机械压迫布水管道。

③ 填料基质浸水后会产生一定的沉降，施工时要注意填料的虚铺厚度，一般虚铺厚度宜高于设计厚度10%~15%。

④ 每一层填料完成后复核填料标高，厚度合格后方能进行下一道工序。不同填料层不能混合施工。

⑤ 填料施工完成后，湿地试水并再次找平填料面，试水完成后铺设生物活性填料，由翻斗车转运，人工精平。

⑥ 在填料安装过程中，严禁带入泥土等杂物。

施工步骤　CONSTRUCTION STEPS

复核场地标高
↓
设置标杆
↓
填料施工
↓
找　平
↓
生物活性填料铺设

人工湿地填料施工

人工湿地填料施工

生物活性填料施工

082 生态快滤池填料施工

 填装高度，密实度

施工要点 MAIN POINTS

① 在生态快滤池底部，用白灰每隔8m画出网格线。

② 沿生态快滤池内壁四周，从底部开始向上，每隔50cm画线标注。

③ 使用长臂吊车将堆放的填料按照画定的网格进行吊装。在长臂吊车吊装的同时，在生态快滤池内部，人工或机械进行填料的摊铺与找平。

④ 填料填装时，应控制填料自由下落高度，轻拿轻放，避免填料之间过度强烈撞击形成碎渣。

⑤ 填料吊装过程，应当做到分层依次填铺，每层高度控制在40~60cm，避免不同的网格之间吊装速度差别过大，从而导致填料之间密实度不均匀。

施工步骤 CONSTRUCTION STEPS

生态快滤池分区
↓
池体内壁标高
↓
填料吊装
↓
人工摊铺

生态过滤池填料施工

机械摊铺填料

083　人工湿地管道系统施工　🔺 安装方向，管道坡度，标高

管道系统安装

管道系统

面层布水管道

施工要点　MAIN POINTS

❶ 人工湿地管道系统包括湿地集配水管道和管道闸阀安装，湿地一般采用穿孔管以实现集配水的均匀性，管道施工前应做好穿孔管的打孔加工工作，孔洞间距应符合设计图纸要求，管道闸阀安装前应审核闸阀的三证（产品合格证、产品说明书、产品试验检验报告单），并依据介质流向确定其安装方向，按规定要求进行强度和严密性试验。

❷ 管道系统采用UPVC管，直通利用溶剂黏接，若施工后有漏水现象，可采用焊接方法修补。

❸ 测量人员依据设计图纸，核对管道和闸阀放置的坐标和标高，并撒少量白灰进行放线。

❹ 湿地范围内的材料转运须使用翻斗车，并铺设模板，避免翻斗车和填料直接接触。

❺ 管道黏接前用清洁棉纱或干布将管道、管件端口擦拭干净。管材涂抹黏合剂须动作迅速，涂抹均匀。涂抹完成后，立即将管道旋转推入直通，并用棉纱蘸丙酮擦掉多余的黏合剂。

❻ 管道与闸阀使用法兰连接，法兰密封面应平整光洁无毛刺，配套螺栓螺母的螺纹部分应完整无损伤，且螺栓和螺母配合良好，无松动或卡涩现象。相互连接的法兰端面应平行，螺纹管接头轴线应对中，不应借法兰螺栓或管接头强行连接。阀门安装时应处于关闭状态，并保持阀门手轮朝上，便于日后检修操作。

❼ 管道铺设完成后须再次核对管道中心标高，坡度和坡向是否与设计图纸一致，管道与闸阀连接处是否紧密不渗漏。检查无误后，在管道周边填装人工湿地填料并进行压实，以此固定管道，以免管道位置发生偏移。

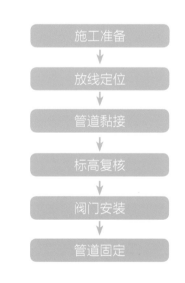

施工步骤　CONSTRUCTION STEPS

施工准备
↓
放线定位
↓
管道黏接
↓
标高复核
↓
阀门安装
↓
管道固定

084 沉水植物种植

人工扦插，水位控制，改善水体透明度

沉水植物种植

沉水植物初期种植效果

施工步骤 CONSTRUCTION STEPS

使用底质消杀剂

种植土回填 → 底质消毒 → 初次进水 → 塘底种植沉水植物 → 抬高水位 → 边坡种植沉水植物 → 抬高水位至常水位 → 快速换水改善水体透明度 → 养护管理

施工要点 MAIN POINTS

① 本工艺适用于微污染水体的水质净化。

② 沉水植物避免选择会"吞噬"其它水生植物的生物量过大的沉水品种。种植前需进行塘底清理，回填种植土，使用底质消杀剂处理，处理之后进水使土质软化，初次进水深度约20cm。

③ 沉水植物采用人工扦插栽植的方法。种植前，依据沉水植物的最佳生长水生范围确定适宜种植水位，从深水至浅水依次种植沉水植物，边种植边抬高水位，确保水位淹没沉水植物，沉水植物应插入底泥中3cm左右，种植密度应符合设计要求。

④ 水体透明度是沉水植物生长的关键控制指标。沉水植物种植后，依据实际情况投加絮凝药剂或快速换水改善水体透明度。

⑤ 养护期间阶段性监测水体各项指标，如透明度、pH值、盐度等，定期清理死亡后漂浮的沉水植物，避免植物腐烂后污染水体。

085　挺水植物种植

 遮阴处理，种植水位，养护

施工要点　MAIN POINTS

① 植物的选择和配比是影响人工湿地处理效果的重要因素之一。选择合适的植物有利于扩展人工湿地净化污水的空间，提高污水净化能力。挺水植物选择要符合下列要求：（1）根系发达、植株直立挺拔、茎叶明显、花枝高伸；（2）适合当地环境；（3）耐污能力强，去污效果好；（4）具有抗冻、抗病虫害能力；（5）有一定的美化效果。常用挺水植物有：芦苇、香蒲、美人蕉、菖蒲、水葱、风车草、灯心草和再力花等。

② 尽量选择施工周边区域的供应商，缩短苗木运输时间，到场后，将不符合要求的、有损伤的苗木去除，并作遮阴处理。

③ 挺水植物直接种植于湿地砂石填料面上，因此需注意种植时间（湿地进水系统正常运转后）、种植高度（大于30cm）、湿地种植水位（淹没根系）和无土栽培（根系不能携带土壤）。若种植面积较大，宜先放线画出10m×10m网格线，在网格线内根据设计种植密度种植。

④ 挺水植物多为草本植物，生长期新梢萌发速度很快，根系活动旺盛，一般根系受伤后能在2天内萌发新根系。在生长期种植时，一般经过10~30天，植株形态就可恢复，可据此来观察水生植物生长情况。

⑤ 定期修剪收割植物，铲除湿地植物周围的各类野草和藤蔓，注意观测植物长势，采取病虫害防治措施，保证其生长旺盛。

⑥ 一般先将植物种活，再放入污水进行处理。同时及时清理残枝落叶，避免植物枝叶腐败后的氮、磷等营养物重新回到人工湿地水质净化系统。

挺水植物种植

风车草生长效果

美人蕉生长效果

施工步骤　CONSTRUCTION STEPS

苗木验收 → 定点放线 → 苗木种植 → 清理现场 → 湿地进水 → 养护管理

12 绿化种植工程

PLANTING ENGINEERING

086 种植定点放线

🌲 基准点，基准线，行位，株距

树木种植整齐有序，间距统一

树木种植不整齐，间距不一

施工步骤 CONSTRUCTION STEPS

地形整理

↓

定网格或基准点、基准线

↓

定行位、株距

↓

打灰线或打桩标志

↓

定种植点

施工要点 MAIN POINTS

❶ 定点放线前先根据图纸或施工规范要求,清理场地、踏查现场，并进行地形整理。

❷ 规则式定点放线。

（1）选择场地边界、建筑外墙墙角、广场边线等特征明显的点和线，作为放线基准点和基准线。

（2）选定基准点或基准线后，按照图纸用皮尺丈量、三角交会的方法，定出树木的行位和株距。

❸ 自然式定点放线。避免均匀分布、等距栽植，靠近观赏视角禁止机械的几何图形或直线形栽植。

（1）网格坐标定位：先在图纸及现场按比例打好等距方格，在图上测出每棵树木在某方格中的纵横坐标，再按此坐标在现场用皮尺确定栽植点位置，以此确定植物的疏密程度。

（2）仪器测绘法：重要节点处的种植定点放线，宜采用小平板仪或经纬仪，根据场地内原有基点或建筑物、道路将树群或孤植树按照设计图纸上的位置依次定位。

（3）目测法：对于设计图上无固定点的群植树木，先用上述两种方法划定树丛、灌木丛的栽植范围，再根据设计要求及植物品种要求目测出每株树木的位置。群植树木的种植要注意层次搭配，宜中心高、边缘低或远高近低。

❹ 种植点用白灰或打桩标注，并标出树种、数量及树穴直径。

087 乔木带土球起苗

土球规格，收底，修整土球

施工要点 MAIN POINTS

① 带土球起苗法适用于常绿树、名贵树、较大落叶乔木和灌木，以及反季节乔木的栽植。

② 起苗前1~3天需淋水使泥土松软。如条件允许，冠幅较大的树木可在起苗前适当修剪，拢起树冠。

③ 土球规格与当地气候、土壤条件有关。乔木土球直径一般为胸径的6~10倍，灌木土球直径一般为其冠径的1/3，土球高度为土球直径的2/3。

④ 挖掘时根据计算出的土球直径大小或按设计规格，以树干为圆心，确定比土球稍大的挖掘线，定好后先清理挖掘线内表土，以见表根为宜。

⑤ 清除表土后，沿挖掘线外缘向下挖宽约40~80cm垂直沟，垂直沟上下同宽，以便于操作为宜。随挖随修整土球，挖至土球的1/2时逐渐向内收底，直至1/3时在底部修平底，土球上大下小，表面修整平整，呈倒圆台形。

⑥ 修整完土球后，由底部慢慢向内掏挖泥土。土球直径50cm以下的直接掏空底土，于坑外包装；而土球直径大于50cm的先保留部分底土支撑土球，再在坑内包装好土球，再断底起苗。

⑦ 起挖时碰到粗根用手锯锯断，细根用铲子铲断，避免裂根。

参考规范
《园林绿化工程施工及验收规范》DB11/T 212-2009

向下挖垂直操作沟

土球大小合适，表面修整光滑

构造参考做法 SCHEMATIC DRAWING

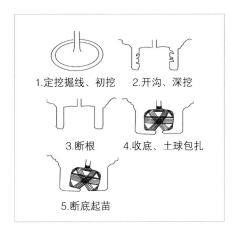

1.定挖掘线、初挖　2.开沟、深挖
3.断根　4.收底、土球包扎
5.断底起苗

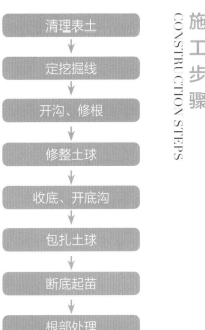

施工步骤 CONSTRUCTION STEPS

清理表土
↓
定挖掘线
↓
开沟、修根
↓
修整土球
↓
收底、开底沟
↓
包扎土球
↓
断底起苗
↓
根部处理

088 乔木土球包装　打腰箍，捆扎，牢固

土球包扎密实，不散不裂

草绳包扎稀疏，不密实

土球松散

施工要点　MAIN POINTS

❶ 土球向下挖至2/3且修整土球后，及时用已浸水湿润的草绳打腰箍，操作时一人缠绕草绳，一人用石块轻拍草绳使其拉紧，以草绳嵌入土球为宜，腰箍宽度一般为土球高度的1/5~1/3。

❷ 打好腰箍后，于土球底部向内掏挖50~60mm宽的一圈底沟，便于打包时兜底缠绕，避免土球松脱。

❸ 土球捆扎有井字式、五角式、橘子式。捆前先用包装物如蒲包、麻袋等包严土球，再用草绳缠绕固定，打包时随绕随敲打固定。

❹ 竖向草绳捆扎以树干基部为起点，再沿土球垂直方向稍成斜角从下往上缠绕草绳，兜底后再向树干方向缠绕，以两股或四股草绳缠绕，第二层与第一层交叉压花捆紧。

❺ 在土球棱角处用石块轻拍草绳，使草绳缠绕牢固，每道草绳间隔约5cm。

❻ 竖向腰绳捆好后，在内腰绳上再横捆十几道草绳，并将内、外腰绳穿连系紧。

❼ 土球打包后，将树轻轻推到，用蒲包封底，用草绳捆牢。

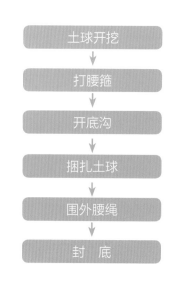

施工步骤　CONSTRUCTION STEPS

土球开挖

打腰箍

开底沟

捆扎土球

围外腰绳

封　底

089 乔木吊装　起吊位置，防护，起吊

施工要点 MAIN POINTS

① 起吊前，先根据树冠及土球重量确定起吊位置，起吊部位位于苗木重心上部。

② 起吊位置均匀捆绑高约60~80cm的草绳加以保护，松紧要适度，再在草绳外侧均匀钉上同样高度、均匀分布的长条木板。草绳与土球接触处也要垫木板隔离。

③ 绳索绑扎不可太松。使用专用吊带可避免拉伤树皮，禁止使用钢丝绳作为起吊带。

④ 土球较大时，起吊前先用吊绳或吊装带兜底，用吊钩扣住绳索，轻轻吊起乔木。当乔木倾斜后，用吊绳拴住起吊位置，扣在起吊机吊钩上。起吊前先试吊，检查起吊装置是否稳固。

⑤ 如果树冠太大不利装车运输，装车前要先进行适当修剪及拢冠处理。

参考规范
《园林绿化工程施工及验收规范》CJJ 82-2012

构造参考做法 SCHEMATIC DRAWING

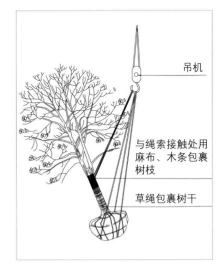

吊机

与绳索接触处用麻布、木条包裹树枝

草绳包裹树干

苗木起吊示意

选择合适的起吊位置

起吊位置钉护板

未采取防护措施，树皮受损

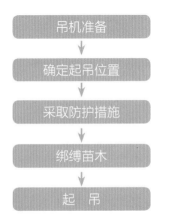

施工步骤 CONSTRUCTION STEPS

吊机准备
↓
确定起吊位置
↓
采取防护措施
↓
绑缚苗木
↓
起　吊

090 乔木装车、运输

装车，垫紧，支稳，遮阴

装车时统一方向摆放

苗木两侧用绳索与挂钩固定

收束树冠，加盖遮阳网

构造参考做法　SCHEMATIC DRAWING

运输过程中加盖遮阳材料　树木统一方向摆放

铺垫薄膜或草垫

用绳索与挂钩固定

苗木运输示意

施工要点　MAIN POINTS

① 装车时，若苗木高度小于2m，可立放于车厢，若苗木高度大于2m，应斜放或完全放倒。土球朝前，两侧用砖块或沙包垫实，枝干朝后，两侧用绳索与挂钩固定，避免运输过程中散坨。

② 土球直径超过60cm的苗木，装车时只能码放1层，小土球最多码放2~3层，土球与土球间用木块、砖头等垫紧。

③ 车箱尾部搭设支架，用支架垫高树体，树体与支架间用草垫或薄膜隔开，防止树皮擦伤。

④ 裸根苗装车时最好用湿润的苫布或湿草袋盖好根部，保持根部湿润而避免根部干燥受损。

⑤ 树冠较大的苗木，装车时用麻绳收束树冠，避免树梢拖地，损伤枝叶。装车完成后，用篷布或遮阳网遮盖苗木。

⑥ 运输前复检苗木包装，备好苗木检疫证、运输证、送货单。

⑦ 尽量避免台风、暴雨、高温、霜冻等恶劣天气运苗。运输过程中，注意防损、防风、防晒、防冻及保湿。若运输距离较远，中途须做检查，给苗木散热，喷洒适量水分。

参考规范
《园林绿化工程施工及验收规范》CJJ 82-2012

施工步骤　CONSTRUCTION STEPS

车辆选型
↓
铺垫薄膜或草垫
↓
苗木装车
↓
支稳苗木
↓
收束树冠
↓
遮盖车厢

091　现场配苗 卸苗，配苗

卸苗后根据施工区域摆放苗木

靠近树穴散苗

苗木（二维码）编号与树穴对应

施工要点　MAIN POINTS

❶ 苗木到场前，提前通知项目部人员做好卸车验苗准备，根据设计图纸和苗木验收单检验苗木，验收合格后才能卸苗。若有损伤严重或脱水严重的乔木应立即退回。

❷ 根据种植设计图纸将苗木运到种植区附近，分区域摆放。起苗和吊装时都应轻拿轻放，在现场绿化施工员的指导下一次调运成功。

❸ 吊装前应用软垫包裹树干，土球包装紧实，防止调运过程中的损伤。尽量不损伤土球、根系、枝条、树干等。

❹ 靠近树穴散苗，苗木（二维码）编号和树穴对应。绿化施工员复验确保到场苗木与设计图纸上的种类、数量相符。

❺ 树形较好的苗木放在主要栽植位置，且种植时调整好的观赏面朝向主要观赏方向，确保景观效果良好。

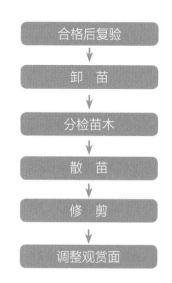

施工步骤 CONSTRUCTION STEPS

合格后复验
↓
卸　苗
↓
分检苗木
↓
散　苗
↓
修　剪
↓
调整观赏面

092　树穴开挖

树穴尺寸，树穴形状

树穴底部回填土呈倒锅底状

拌匀回填土与肥料

定种植点
↓
开挖树穴
↓
树穴修整
↓
换土加底肥
↓
底部回填土

施工要点　MAIN POINTS

❶ 树穴直径一般要比根系展幅或土球直径大40~60cm，裸根苗的穴径应确保根系充分舒展，树穴深度应为树穴直径的3/4~4/5，怕涝的或肉质根的苗木要浅栽。

❷ 树穴多为圆形或正方形，上下大小要一致，壁直底平，底部回填土呈倒锅底状，利于根系充分接触土壤。重黏土区或房建、道路旁可挖成下部略宽大的梯状树穴。

❸ 若土中含石灰渣、炉渣等物质，应适当加宽穴径，清走杂物或石块，并置换好土。土质较差时先在穴底回填土壤与肥料混合物。排水不良或地下水位较高时，在穴底铺设一层砂砾或设渗水管、盲沟等。

❹ 机械挖穴时要对准定点位置，挖至规定深度，整平坑底，必要时可加以人工辅助修整。

❺ 斜坡上挖穴种植时，先将斜坡修整成小平台，然后在平台上挖穴，树穴的深度以下沿口计算。

❻ 表土与底土分开堆放，表土中有机质含量高，回填入树穴底部，底土肥力差，填于上部或用于筑围堰。

❼ 种植前检查树穴中是否积水，若积水要先进行人工或水泵排水。

参考规范
《园林绿化工程施工及验收规范》CJJ 82-2012

构造参考做法　SCHEMATIC DRAWING

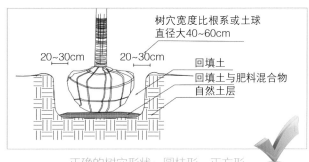

树穴宽度比根系或土球直径大40~60cm
20~30cm　20~30cm
回填土
回填土与肥料混合物
自然土层

正确的树穴形状：圆柱形、正方形

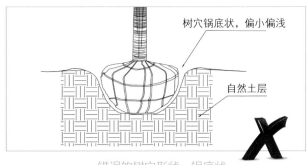

树穴锅底状，偏小偏浅
自然土层

错误的树穴形状：锅底状

093 透气管埋设　🌲 打孔，包裹无纺布，斜插

透气管

管头露出地面

埋设透气管

施工步骤 CONSTRUCTION STEPS

准备材料 → 打孔 → 确定埋设深度 → 包裹无纺布 → 斜插透气管

施工要点　MAIN POINTS

❶ 地下水位较高或降水量较大，或透气透水性较差的种植区域，通过埋设透气管的方式，实时监测穴内水位，在干旱时注水、施肥，在雨季排涝、透气，及时给水排水，保证穴内水氧平衡，提高成活率。

❷ 透气管的埋设条数根据树木规格确定。胸径10~15cm的乔木需埋设1根透气管；胸径15~25cm的乔木需埋设3根透气管；胸径25cm以上的乔木，则需埋设4~6根透气管。

❸ 透气管埋设前先从顶部往下25cm处开始打孔，透气管壁及透气管下口包扎两层遮阳网或无纺布，避免泥土渗入管内堵塞。

❹ 透气管斜插入土球与回填土之间，管头露出地面，埋设的长度上下均多出土球深度10cm为宜，若地面为草坪，管口宜高于地表2~3cm并加盖封口。

❺ 若种植区常积水或在低洼处，最好在树穴底部回填15~30cm厚的粗砾石，呈倒锅底状，铺上两层纱网或土工布作为过滤层，再回填种植土。

参考规范

《园林绿化工程施工及验收规范》DB11/T 212-2009

构造参考做法　SCHEMATIC DRAWING

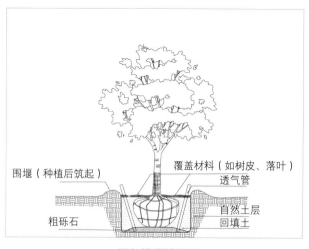

围堰（种植后筑起）　覆盖材料（如树皮、落叶）　透气管　自然土层　回填土　粗砾石

透气管埋设示意

094 乔木种植前修剪

修枝，修根，处理伤口

施工要点　MAIN POINTS

① 乔木种植前修剪应采取以疏枝为主，适当修剪损伤断枝、枯枝、严重病虫枝等，同时适当修剪内膛枝、重叠枝和下垂枝。

② 行道树乔木应剪除第一分枝点以下的全部枝条，分枝点以上枝条适当疏剪，枝下高保持2.0~2.5m为宜。

③ 非栽植季节栽植落叶树木，应根据不同树种的特性，保持树型，宜适当增加修剪量，可剪去枝条的1/3~1/2。

④ 种植前修枝时，同时修剪折断、劈裂、脱水或严重磨损的根系，确保根系断面光滑、无污染及损伤。

⑤ 直径2cm以上的大枝修剪，剪口应削平并及时涂上涂膜剂或防腐剂，剪口不得劈裂。

参考规范
《园林绿化工程施工及验收规范》CJJ 82-2012

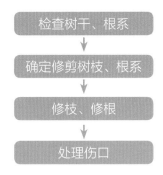

施工步骤　CONSTRUCTION STEPS

检查树干、根系
↓
确定修剪树枝、根系
↓
修枝、修根
↓
处理伤口

修剪截口平滑，且及时涂刷防腐剂

修剪不当，枝叶偏冠

根系切口、消毒处理

根系切口劈裂，未及时修剪

095 种植土回填

 自然沉降，拆除包装物，回填土

吊树入穴，踏实穴底松土

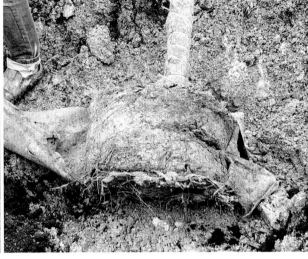

去除土球包装

分层插实种植土

施工要点 MAIN POINTS

① 栽植乔木的回填种植土应根据设计技术要求配置，经通风腐熟后方可使用。

② 种植前浇水，待土壤沉降后再种植乔木。

③ 将乔木放入种植穴中部，将树干立起、扶正，使其保持垂直；再分层回填种植土，填土后将树根稍向上一提，使根系舒展，每回填一层就用锄把将土插实，直到填满穴坑，使土面能够盖住乔木根颈；若有所偏斜，就要再加扶正。

④ 栽植裸根乔木时，应将栽植穴底填土呈半圆土堆，乔木栽植根系必须舒展，置入树木填土至1/2时，轻提树干，使根系充分接触土壤。

⑤ 带土球乔木入穴前必须踏实穴底松土，土球放稳，拆除并取出不易腐烂的包装物；土球易松散的可从栽植穴边缘向土球四周培土，至土球1/3~1/2时，拆除包装物。土球有松散漏底的，应先在树穴空隙部位填土，种植入穴后不应出现空隙。

⑥ 种植土回填完成后，将剩余的穴土绕根颈一周进行培土，形成环形的拦水围堰。

参考规范
《园林绿化工程施工及验收规范》CJJ 82-2012

施工步骤 CONSTRUCTION STEPS

种植土回填
↓
洒水浸穴
↓
穴内放置苗木
↓
土球去除包装
↓
分层回填种植土

096 乔木支撑

支撑材料，支撑点，稳固

施工要点　MAIN POINTS

❶ 支撑架可选用干直的杉木、竹竿、钢管或铅丝等，不可选用老旧腐朽、带病虫害的支撑杆。

❷ 大树应在浇定根水前架设支撑架，常用支撑方式有三角支撑和四角支撑。常绿树支撑高度为树高的1/3~2/3，落叶树支撑高度为树高的1/2。

❸ 为固定每根支撑柱，支撑杆基部埋深不少于30cm，每根支撑杆底部要打入50~70cm的地桩。支撑杆安装时注意不可打穿土球或损伤根系，忌直接用钉子固定在树干上。

❹ 支撑杆与树干的绑扎处缠垫草绳或橡胶垫隔离，以免支撑杆磨损树干。

❺ 三角支撑：3根支撑柱呈120°均匀围绕树干，倾斜45°~60°，木桩稳固后用铁丝或橡胶圈将上端两两固定，其中1根须设置在主风方向上位。

❻ 四角支撑：先于合适高度均匀斜立4根支撑杆，再在支柱上部用4根较短横杆围成方形，树干位于正中间，上端横杆紧贴树干，支架两两用铁丝或橡胶圈固定。

❼ 新型树木支撑架由套头、杆身及绑带组成。安装前先将木杆套进套头，并拧紧螺丝，安装时调整杆身高度，定好支撑高度后穿绑带，固定套头的位置及绑带的松紧度。成品支撑架安装简单，效率高，且不会损伤树干，材料也可重复使用。

参考规范
《园林绿化工程施工及验收规范》CJJ 82-2012

施工步骤　CONSTRUCTION STEPS

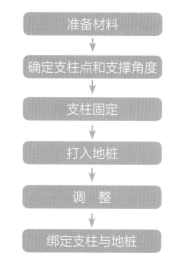

准备材料 → 确定支柱点和支撑角度 → 支柱固定 → 打入地桩 → 调整 → 绑定支柱与地桩

支撑稳固，操作规范

新型乔木支撑架

支撑杂乱，不美观
无支撑作用

用钉子固定支撑杆，
损伤树干

构造参考做法　SCHEMATIC DRAWING

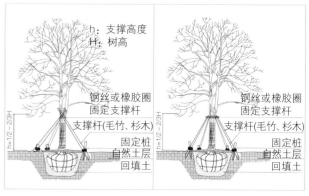

h：支撑高度
H：树高

钢丝或橡胶圈
固定支撑杆
支撑杆(毛竹、杉木)
固定桩
自然土层
回填土

三角支撑　　　　四角支撑

097 围堰浇水　围堰修整，定根水

施工要点　MAIN POINTS

❶ 乔木栽植后应做成环形的浇水围堰，围堰内径应大于栽植穴直径，围筑高度10～20cm，堰土要拍紧压实，浇水时注意不能冲毁堰土。

❷ 开堰不应过深，避免挖坏树根或土球。为确保整体美观效果，围堰四周用卵石、树皮、地被等覆盖。

❸ 浇灌乔木的水不得用污水，水质应符合现行国家规定《农田灌溉水质标准》GB 5084的规定。

❹ 每次浇水量应满足植物成活及生长需要。栽植当日浇灌第一次水，水量不宜过大，缓慢灌水使土下沉；栽后三日内浇灌第二次水；一周内浇灌第三次水，浇足、浇透。三水后及时整堰、封堰。

❺ 对浇水后出现的乔木倾斜，应及时扶正，并加支撑固定。对非正常渗漏应及时封堵，保证正常浇灌；对浇水后出现的土壤沉降，应及时培土。

参考规范
《园林绿化工程施工及验收规范》CJJ 82-2012
《园林绿化工程施工及验收规范》DB11/T 212-2009

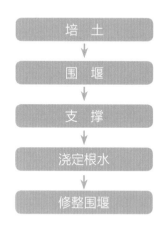

施工步骤 CONSTRUCTION STEPS

培　土
↓
围　堰
↓
支　撑
↓
浇定根水
↓
修整围堰

筑围堰

浇水

浇水保持土层表面湿润

098 灌木种植

提根，观赏面，围堰，定根水

施工要点 MAIN POINTS

① 根据图纸放线确定种植穴的位置。种植穴的尺寸应符合设计要求及规范标准。

② 起苗前1~3天适当浇水。若为反季节栽植须带土球移植，落叶灌木在落叶期可裸根栽植，但也应多带宿土。

③ 种植前适量疏剪灌木内膛小枝，适当短截强壮枝，彻底疏除下垂细弱枝及地表萌生的蘖条。

④ 栽植穴挖好后先浸穴，待渗透后栽植。树穴底部施放肥料，上面覆土5~10cm，根系不能直接接触肥料，避免烧根。回填土达根系一半深度时，将苗木稍微向上提起，舒展根系，使根部与土壤间不留空隙。

⑤ 种植深度要与原种植线齐平，常绿灌木种植线高于地表5cm，生长快、有不定根的苗木可深栽5~8cm。

⑥ 栽植时注意将冠形完整丰满的一面朝向主要观赏面。种植穴周围筑围堰，栽植后要立刻浇定根水。

⑦ 有造型要求的灌木，在种植后按照设计要求适当修剪。

施工步骤 CONSTRUCTION STEPS

地形整理 → 放线定点 → 挖种植穴 → 换土加底肥 → 种植 → 调整观赏面 → 回填种植土 → 修剪、浇水 → 清理现场

去除包装袋

种植灌木

修剪

构造参考做法 SCHEMATIC DRAWING

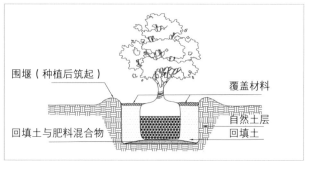

围堰（种植后筑起）　覆盖材料

回填土与肥料混合物　自然土层　回填土

灌木种植示意

099 绿篱种植

种植沟，株行距，围堰，定根水

种植沟放线定位

种植高度一致，弧度平顺

扶正歪斜苗木

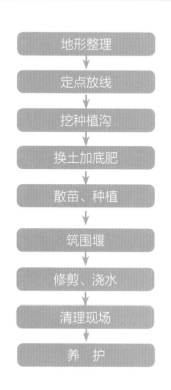

施工步骤 CONSTRUCTION STEPS

地形整理
↓
定点放线
↓
挖种植沟
↓
换土加底肥
↓
散苗、种植
↓
筑围堰
↓
修剪、浇水
↓
清理现场
↓
养 护

施工要点 MAIN POINTS

① 绿篱的苗木要选择分枝、株高统一、生长健壮、枝叶较浓密而又耐修剪的种类。

② 按设计要求定点放线。若种植于路边或广场边，可按设计规定距离，直接确定种植沟位置。无明显边界时，需按设计要求放线，用白灰定出栽植沟的边界。

③ 绿篱种植沟的深度根据苗木大小确定，一般为20~40cm。

④ 绿篱栽植有单排栽植、双排栽植和三排栽植，苗木必须在一条竖向直线上。双排栽植要求横向错开呈三角形栽植；若为弧形绿篱，要求弧度平顺，不得有明显折角。

⑤ 一般矮绿篱的株距为30~50cm，行距为40~60cm，尽量做到不露黄土。为确保植株分布均匀、方便后期管养，可分块栽植，地块与地块间预留一定间距作为养护工作面。

⑥ 苗木栽好后，根部均匀覆盖细土，用工具插实，之后再检查，扶正歪斜苗木。

⑦ 绿篱的种植沟两边筑围堰，定根水一次浇透。

参考规范
《园林绿化工程施工及验收规范》CJJ 82-2012

构造参考做法 SCHEMATIC DRAWING

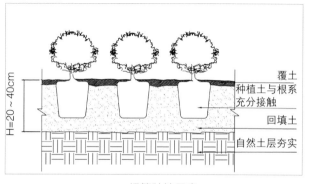

覆土
种植土与根系充分接触

回填土

自然土层夯实

H=20~40cm

绿篱种植示意

100 绿篱修剪与整形

高度，控制线，修剪

修剪后的绿篱轮廓清晰，线形流畅，边角分明，整齐美观

绿篱光腿现象严重

施工要点 MAIN POINTS

❶ 绿篱修剪时为确保上下枝叶平衡，应重剪主枝和侧枝。在定植后的第一年内任其自然生长，第二年内应按设计规定高度和形状修剪。

❷ 春天苗木生长期是绿篱修剪最佳季节。秋季修剪要早于白露，否则剪后萌发的枝叶易产生冻害。花篱选择花谢后修剪。

❸ 无修剪形状要求时，绿篱最好修剪成上下垂直的方形或上小下大的梯形，以便有足够阳光照射所有枝叶。

❹ 修剪时主要疏除枯死枝、病虫枝、过长枝、扰乱绿篱形体的枝条。为促进下部枝条生长，矮篱水平方向发出的新枝及下部枝条不要疏剪过多，避免出现"光腿"现象。

❺ 首次修剪高度符合设计要求，后续修剪高度应较前一次修剪逐次提高1~2cm，次年首次修剪应再次剪至设计要求高度。

❻ 修剪时最好在绿篱一侧根据修剪高度拉线，作为修剪高度的控制线。

❼ 修剪后及时清除残留枝叶，避免枝叶堆腐影响绿篱生长。修剪后不宜马上浇水，避免弄湿剪口，影响植物剪口的愈合。

参考规范

《园林绿化工程施工及验收规范》CJJ 82-2012

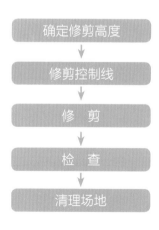

确定修剪高度

修剪控制线

修 剪

检 查

清理场地

施工步骤 CONSTRUCTION STEPS

101 景观地形调整

绿化种植地形，精耕细作，地表排水

深翻土壤，去除大石块、垃圾等

坡面自然平缓，无下陷沉降，边缘略低于路面

表层土疏松，无大土块

施工要点 MAIN POINTS

① 乔木种植完成后对照施工图复检，检验合格后清理种植区域土层中的建筑垃圾、生活垃圾、碎石、砾石、树根和杂物等。

② 回填土分层压实，土壤密实度达到种植要求，回填土无法做到分层压实或自然沉降时，2m以下的实际填土标高应比竖向设计标高高出20cm，2m以上的实际填土标高应比竖向设计标高高出50cm。

③ 在场地范围内根据设计图纸定出地形标高，按竖向设计所规定的坡度控制地形标高，无设计要求的坡度定为0.3%~0.5%。实际施工过程中作适当调整，确保地形排水顺畅，形成自然排水地势。

④ 整理花坛、花境地形时，表土层30cm内要精平、疏松，并适当碾压。

⑤ 种植土表面不得有明显低洼处、积水处。平整后绿地边缘标高应略低于路面或路缘石，设立浅截水沟，避免浇灌或下雨时泥土冲刷至硬质铺装。

⑥ 地形调整过程中，为避免回填土下沉凹陷，预留土及时填补凹地，确保地形排水流畅。

参考规范
《园林绿化工程施工及验收规范》CJJ 82-2012

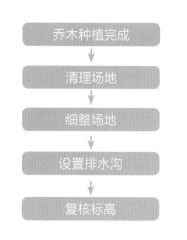

施工步骤 CONSTRUCTION STEPS

乔木种植完成

↓

清理场地

↓

细整场地

↓

设置排水沟

↓

复核标高

102　地被种植

 深翻，散苗，压实，隔根

地被种植放线

地被种植

衔接处开挖浅沟

施工步骤　CONSTRUCTION STEPS

地形整理
↓
深　翻
↓
土壤改良
↓
定点放线
↓
散苗、栽植
↓
浇　水
↓
清理场地
↓
养护及更换

施工要点　MAIN POINTS

① 栽植前深翻土壤20~30cm，施基肥，根据土质情况改良土壤。

② 种植前先按图纸用灰粉定出种植范围，先在轮廓线处以品字形种植，而后从内往外栽植，遵循内高外低的种植要求。

③ 丛生类地被在种植前先将丛生苗根颈部掰开，每丛3~5株。分株后的小苗放于种植穴内用土压实。

④ 蔓生类地被栽植前作适当修剪，栽植时舒展植株根系，并分层压实，栽植后拉平舒展藤蔓，使其自然匍匐于地面，促使气生根萌发生长。

⑤ 地被种植密度要满足设计要求，以不露黄土为宜。

⑥ 地被与草皮或硬质铺装衔接处，开挖浅沟，阻隔根系扩展，便于后期管养。与硬质铺装衔接的地被应低于硬质铺装2~5cm，种植边缘轮廓线处3~4排地被倾斜种植，渐渐过渡至硬质边界。

⑦ 栽后立刻浇定根水，浇水浇透直至土壤沉降至实。不可大水直接冲刷根部。若在寒冬季节栽植，栽植后要覆盖地膜、稻草等。

构造参考做法　SCHEMATIC DRAWING

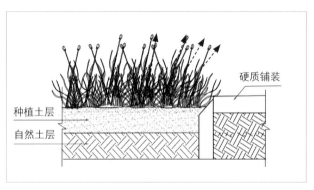

硬质铺装

种植土层

自然土层

地被种植示意

103 大面积草花种植

深翻，开沟，压实

施工要点 MAIN POINTS

① 草花种植对土壤要求高，种植前深翻并进行土壤改良。若无设计要求，排水坡度尽量做到0.2%~0.3%。大面积种植地块划分为3m宽的施工作业面，两边开排水沟，各排水沟相通，便于管养及排水。

② 草花出圃前5~7天提前断水、通风、炼苗，待花朵开放1~3朵时为移栽的最佳时期。

③ 采用专用运输车，以扣水运输方式运输草花，扣水运输方式即为草花装车前几天浇水，保持土壤疏松，避免运输过程中烧苗。运输时草花要直立码放，施工现场用转运筐转运。

④ 草花种植要密切关注当地气候，根据天气状况决定不同品种草花的种植顺序。

⑤ 大面积种植草花时，用方格网法，按比例放大到地面。根据图纸确定每平方米种植数量及品种株型的大小，分区、分块往同一方向种植。单个地块内从中心向外种植，行间距要相等。

⑥ 栽植密度根据品种特性、设计要求所决定。为保证盛花效果，施工过程中实际种植密度比设计要求密度可略大，尤其是路边地块、重要节点位置。

⑦ 因旋耕后的地块较为疏松，为避免工人种植时踩实地面，采用木板搭建临时通道或摊铺临时便道的方式开展作业。

参考规范
《园林绿化工程施工及验收规范》CJJ 82-2012

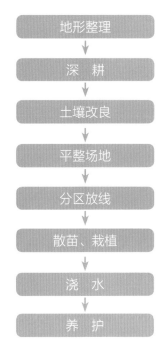

施工步骤 CONSTRUCTION STEPS

地形整理 → 深耕 → 土壤改良 → 平整场地 → 分区放线 → 散苗、栽植 → 浇水 → 养护

放线开排水沟

盆花转运

草花种植

104　模纹花坛种植

 轮廓线，图案放样，栽植顺序

放线

栽植线形流畅，植株长势良好

图案清晰，修剪合理

施工要点　MAIN POINTS

❶ 模纹花坛的整地要求高，为避免在模纹造型后地面不均匀下沉，地形整理后要稍加镇压1~2次。

❷ 根据图纸在种植床上按比例放大图案，用白灰撒出轮廓线，画出各色块位置。若面积小、图案简单可用卷尺放样定位；若面积大、图案复杂、要求高，可采用网格法；简单文字花坛直接用木棍双勾字形；图案较复杂的用钢丝编扎图案轮廓，或先用纸板、三合板临摹刻制图案，再轻压于地面，印压或白灰撒出模纹线条。

❸ 植物种植时，先沿轮廓线种植，再按先里后外、先左后右的原则，栽植填充部分。先种植主要

纹样，再逐次栽植。若面积大，可搭搁木板或木匣子，便于操作。

❹ 若需强调花纹浮雕效果，可先在地面上用土堆出花纹图案，再栽植植物。

❺ 若色块较宽，种植时可间隔一定距离留出20~30cm的作业步道，便于施工及管养。

❻ 栽植后立即浇一次透水，根据造型要求进行修剪。

参考规范

《园林绿化工程施工及验收规范》CJJ 82-2012

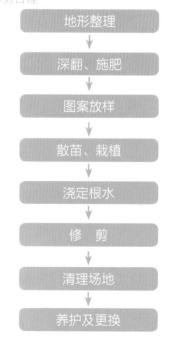

施工步骤　CONSTRUCTION STEPS

地形整理

深翻、施肥

图案放样

散苗、栽植

浇定根水

修　剪

清理场地

养护及更换

105 草坪铺设

⚠ 排水，对缝式，错缝式，拍实

施工要点 MAIN POINTS

① 栽植前整地、去除杂草，除去地表以下60cm内的岩石、瓦砾、块石等，清除地表20cm内的杂物，敲碎大块土块。铺设前先浇水浸地，保持土壤湿润。

② 草皮和种植土间最好增加泥炭土或腐熟的有机肥与种植砂混合的砂床层，利于草皮根系的萌蘖，也可缓冲踩踏对草皮根系的压力。

③ 草坪平整时要考虑排水，无设计要求时建议坡度为0.2%~0.5%，不能有坑洼积水处。

④ 大面积草坪铺设时，由中间向四周展开铺设，有坡度区域，应从上往下、由里到外依次进行，靠近广场、园路、树池等边缘区域，应由边缘向内铺设。

⑤ 平坦区采用对缝式，坡地区采取错缝式，防止水土流失，草皮留缝1~2cm。铺设弧线区域时，应先沿弧线边缘铺3~5块草皮，再铺设中间区域，收边收口清晰、平顺、自然。

⑥ 铺好后浇水，再用铁锹拍打或滚筒滚压，让草皮和土壤充分贴合，力度要适中。如出现低洼或沉降，应修补后重新铺设。

⑦ 草皮与灌木、花卉的衔接处开挖约15cm宽的浅边沟，斜坡草坪边缘设置浅截水沟，且种植面要低于路面或路缘石3~5cm，避免泥土冲刷至路面。

⑧ 草皮铺设完后及时进行围挡。若草坪上种植乔木，乔木周围应留围堰，便于乔木浇水施肥。

参考规范
《园林绿化工程施工及验收规范》CJJ 82-2012

施工步骤 CONSTRUCTION STEPS

地形整理 → 深翻、施肥 → 放线 → 划分地块 → 铺设草坪 → 修整边缘 → 浇水 → 拍实或滚压 → 清理场地 → 养护

草坪铺设

浇水

拍打

构造参考做法 SCHEMATIC DRAWING

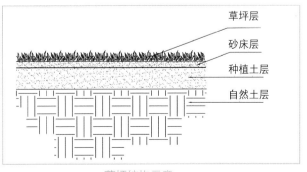

草坪层
砂床层
种植土层
自然土层

草坪结构示意

106 草坪修剪

留茬高度，修边，草屑清理

运动球场草坪修剪

清理草屑

施工步骤 CONSTRUCTION STEPS

确定修剪时间
↓
确定修剪高度
↓
确定修剪路线
↓
修　剪
↓
修　边
↓
清理草屑

施工要点　MAIN POINTS

❶ 修剪前先清除草地内的垃圾杂物。

❷ 草坪修剪无特殊要求时一般遵循"1/3原则"，剪去草坪自然高度的1/3，留茬2/3。草坪留茬高度与草坪生长状况、草种、草坪使用功能等相关，一般来说，林下绿地留茬高；球场、机场草坪留茬低；部分遮阴长势差、损伤严重的草坪留茬高，草坪非生长期比生长期留茬高。

❸ 在阴天选择草坪干燥时修剪最宜，严禁炎热的中午、雨天或有露水时开展工作。

❹ 剪草机应一行压一行地直线行走修剪。同一草坪忌总按同一起点、同一方向、同一路线来修剪，易导致草坪退化，草叶往同一方向定向生长。

❺ 路边、树下草坪等边角处用切边机或手剪修剪，顺着草坪外缘向下斜切，以切到草坪根部为宜。剪草机无法操作的区域选择人工修剪。

❻ 草坪剪口要整齐，修剪后草坪高度要一致，外缘线轮廓清晰、自然流畅，周边杂草全部铲除。

❼ 修剪后及时清理草屑，避免草屑堆腐影响草坪生长。

构造参考做法　SCHEMATIC DRAWING

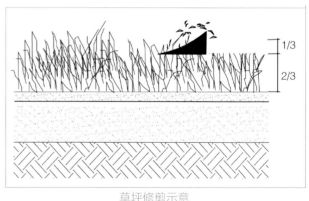

1/3
2/3

草坪修剪示意